高等学校“十三五”规划教材

高分子科学实验

汪存东　谢 龙　张丽华　杜拴丽　编

化学工业出版社

·北京·

《高分子科学实验》介绍了高分子实验的基本原理和操作，包括四部分内容：实验室制度及操作基础，高分子化学实验，高分子物理实验和高分子近代仪器分析实验。其中，高分子化学实验包括常用单体的精制、常用引发剂的精制、聚合物的制备方法、聚合反应动力学、高分子化合物有关基团的测定等。高分子物理实验包括高聚物物理、机械性能的测定，高聚物溶液性质及分子量的测定。近代仪器分析实验包括了目前在高聚物结构和性能分析过程中常用的一些测试方法，如高聚物结构分析常用的红外光谱和核磁共振分析，表征相对分子量的光散射法和凝胶渗透色谱法，热性能分析的差示扫描量热法和热重分析法，分析高分子材料微观结构的扫描电镜、透射电镜、X射线衍射等。

《高分子科学实验》可供高等院校高分子化工、高分子材料与工程等专业的师生使用，也可供化工部门和科研单位的技术人员参考。

图书在版编目（CIP）数据

高分子科学实验/汪存东等编．—北京：化学工业出版社，2018.9

高等学校“十三五”规划教材

ISBN 978-7-122-32722-2

Ⅰ.①高…　Ⅱ.①汪…　Ⅲ.①高分子化学-化学实验-高等学校-教材　Ⅳ.①O63-33

中国版本图书馆CIP数据核字（2018）第166847号

责任编辑：宋林青　　文字编辑：刘志茹

责任校对：王素芹　　装帧设计：关　飞

出版发行：化学工业出版社（北京市东城区青年湖南街13号　邮政编码100011）

印　　装：三河市延风印装有限公司

787mm×1092mm　1/16　印张10½　字数239千字　2018年10月北京第1版第1次印刷

购书咨询：010-64518888（传真：010-64519686）　售后服务：010-64518899

网　　址：http：//www.cip.com.cn

凡购买本书，如有缺损质量问题，本社销售中心负责调换。

定　　价：**28.00元**

版权所有　违者必究

前言

高分子化学和高分子物理属于高分子科学中的两大分支学科，是工科院校高分子化工、高分子材料、高分子材料与工程等有关专业学生必修的专业基础课，也为理科、师范院校化学系学生的必修课或选修课。由于聚合物的产量大、品种多、应用广、经济效益高，高分子科学已渗透到每一个科学技术领域和部门，许多非高分子专业的学生毕业后，也从事聚合物的合成和应用研究。高分子科学实验是帮助学生更好地掌握相关理论知识的配套课程，在教材编写过程中，我们按照“以能力培养为核心，知识、能力、素质协调发展”的实验教学理念，对实验内容进行了选择和编排，使学生掌握高分子合成、结构和性能测试的基本技能和方法，熟悉高分子领域的近代分析仪器和技术，进而提高学生的专业实验能力、创新能力和综合素质。

本书以中北大学自编的高分子化学实验、高分子物理实验讲义和高分子实验为基础，同时吸收了该校高分子化学及高分子物理课程组多年从事高分子合成和应用研究的科研成果以及其他院校教材中一些较好的实验编写而成。本书不仅是一本理论联系实际的实验教科书，而且是一本有实际应用价值、可用于进行有关高分子科学技术开发的参考书。可供大专院校涉及高分子的各个专业的师生选用，也可以作为从事高分子合成和应用研究的科技人员的参考资料。

本书内容共分四篇：高分子实验室操作规程和基本操作，高分子化学实验，高分子物理实验，高分子近代仪器分析实验。其中，杜拴丽副教授编写了第 1 章高分子实验室制度和实验基础及附录部分；谢龙副教授编写了第 2 章高分子化学实验；张丽华教授编写了第 3 章高分子物理实验；汪存东副教授编写了第 4 章高分子近代仪器分析实验。全书由汪存东副教授统稿、审校。

本书编写的内容覆盖面较广，可作为高分子材料科学与工程、材料化学、应用化学、化学工程与工艺、化学等专业的教学用书。

本教材的编写得到了中北大学教材立项资金的支持，特别感谢程原教授、王香梅教授和何振副教授的宝贵意见和建议。在编写过程中得到了很多老师的支持和帮助，在此一并表示衷心的感谢。限于编者水平有限，书中定有疏漏和欠妥之处，敬请读者给予批评指正。

编者

2018 年 5 月

目 录

附录 147

参考文献 161

第1章 实验室制度及实验基础

1.1 实验室工作制度

为确保实验正常进行，凡到实验室进行实验的人员，必须遵守实验室下列规定。

① 进行实验前认真学习实验室各项规章制度，特别是实验室安全制度。

② 实验前应充分预习，并写出预习实验报告，经教师检查合格后方能进行实验，实验后应在规定时间内交出实验报告。

③ 实验中应严格遵守操作规程和安全制度，防止事故发生。如发生事故应立即报告教师并进行处理。同时要自觉遵守实验室纪律，不准在实验室做与实验无关的事情，如高声谈笑、吸烟、饮食等。

④ 实验时应精神集中，认真观察实验现象，随时做好实验记录。在记录时应实事求是，树立严谨的科学作风。

⑤ 实验中应节约药品、爱护仪器和设备，凡有损坏和遗失仪器、工具及其他药品者应进行登记。要发扬勤俭精神，节约水电、仪器、药品，杜绝浪费现象。

⑥ 实验时应随时保持实验室桌面、地面、窗台、通风橱内的清洁、整齐。用过的仪器药品及工具应随时放回原处，整齐排好。

⑦ 实验完毕应将用过的仪器洗净，需干燥的仪器放入烘箱内干燥以备下次实验之用，同时将工作地点整理干净，切断电源、水源，关好门窗，经教师同意方能离开实验室。

1.2 实验室安全制度

在高分子合成实验中，经常使用易燃、有毒试剂，为确保实验正常进行，杜绝安全事故的发生，必须严格遵守下列安全制度。

(1) **防止着火事故的发生**

高分子合成实验室较易发生的事故是着火，着火的主要原因是操作易燃药品。为了防止着火事故的发生，操作易燃药品时必须远离火源，蒸馏时应避免明火加热，并应充分冷却。瓶塞、瓶口连接应严密，切勿用石蜡涂封，因石蜡受热易熔，见火即燃。常压蒸馏时应该使系统与大气相通，蒸馏操作最好在通风橱中进行，蒸馏时不能在中途添加沸石。

万一遇到实验室着火，应保持镇静，切勿着慌，应立即切断电源，并迅速移开附近可燃物，以石棉布、砂子或用泡沫灭火器灭火（泡沫灭火器须定期检查气体出口是否畅通）。

当实验者衣服着火时，切忌乱跑，应迅速用石棉布把着火处盖住使与空气隔绝。

(2) **防止爆炸事故的发生**

爆炸的毁坏力极大，应严加防止，一般应注意以下几点：

① 正确的装置仪器。常压蒸馏应使系统与大气相通不可完全密封。

② 使用易潮解的药品时，因为它遇水时会产生大量的热，有时会燃烧，甚至会引起爆炸，所以取药后应立即将瓶盖盖严，密封保存。

③ 反应过程中如估计有爆炸危险时应加以必要的防护。如在通风橱内进行操作，戴防护眼镜或在防爆屏后面进行操作。

(3) **防止中毒事故的发生**

吸入有毒的气体或者吞入有毒的物质，或有毒物质通过伤口处渗入人体内都会引起中毒。汞是有毒物质，长期吸入汞的蒸气会引起慢性中毒，洒在桌面上的或地面上的汞可洒以硫黄粉消毒。

此外，氯仿、甲醇亦有毒，不可吸入其蒸气。甲醇可以引起失明，甚至致死。

凡是操作有毒物质的实验必须在通风橱内进行。

另外，严禁在实验室内饮食，不得用烧杯盛饮料，离开实验室时必须把手洗干净。

(4) **防止烧伤事故的发生**

高温操作或操作有腐蚀性的药品时，若不小心均可使皮肤受到伤害，引起烧伤。为了人身安全，操作时应注意：

① 任何药品不得用手直接拿取，倒酸时必须戴上胶皮手套和防护眼镜，最好在通风橱内进行。

② 加热或煮沸盛有液体的试管和反应瓶时，不得从试管口或从反应瓶口往下观看反应情况。如果不慎发生烧伤事故，应立即进行救护。

火烧伤：轻者涂以獾油或磺胺乙酰药膏，重者立即送往医院。

酸烧伤：应迅速用大量水冲洗，然后用3%的碳酸钠溶液洗涤，再涂以药膏。

碱烧伤：迅速用大量水冲洗，然后用1%的醋酸溶液洗涤，再涂以药膏。

当刺激物入眼中时，应首先用大量水冲洗，然后再分情况处理，重者应立即送往医院。

(5) **废物的处理**

① 废液的处理。一般的废液溶剂要分类倒入回收瓶中，废酸、废碱要分开放置。有机废溶剂分为卤素有机废溶剂和不含卤素有机废溶剂，应收集后交由专业有机废液处理单位集中处理。聚合物乳液不可直接倒入下水道，因为破乳沉淀后会堵塞下水道。正确的处

理方法是将乳液破乳，分离出聚合物后再进一步处理。

② 固体废物的处理。对于任何固体物都不能直接倒入水池中，无毒无害的固体废弃物倒入老师指定的垃圾桶中。一些含重金属化合物等有毒有害的废弃物，倒入指定的回收瓶中，统一回收，交由专门的处理单位进行处理。

（6）其他注意事项

① 电气设备要妥善接地，以免发生触电，万一发生触电要立即切断电源，并对触电者进行急救。

② 有毒、易燃、易爆的试剂要有专人负责，在专门的地方保管，不得随意乱放。

③ 对于在实验中发生了事故者，分清原因，根据具体情况，给以适当处理。

1.3 高分子科学实验基础知识

1.3.1 实验常用的玻璃仪器

实验室的化学反应通常都是在玻璃仪器中进行的，玻璃仪器按照接口的不同可分为普通玻璃仪器和磨口玻璃仪器。普通玻璃仪器之间的连接是通过橡皮塞进行的，需要在橡皮塞上打出适当大小的孔，有时孔道不直，给实验装置的搭置带来很多不便。磨口玻璃仪器的接口标准化，分为内磨接口和外磨接口，烧瓶的接口基本是内磨口的，而冷凝管的下端为外磨口的。为了方便接口大小不同的玻璃仪器之间连接，还有许多接口可以选择，常用的标准玻璃磨口有 10 号、12 号、14 号、19 号、24 号、29 号、34 号等规格。使用磨口的玻璃仪器时，为了方便磨口之间的配合和打开，通常在磨口上需要涂抹少许凡士林。高分子化学实验中常用的玻璃反应器是磨口的三口瓶和四口瓶，如图 1-1 所示。放搅拌器的口通常是 24 号口，其他的侧口是 19 号口，容量大小根据需要可选 100mL、250mL、500mL、1000mL 等，合成时一般要求烧瓶的容量是反应液总体积的 1.5～3 倍。

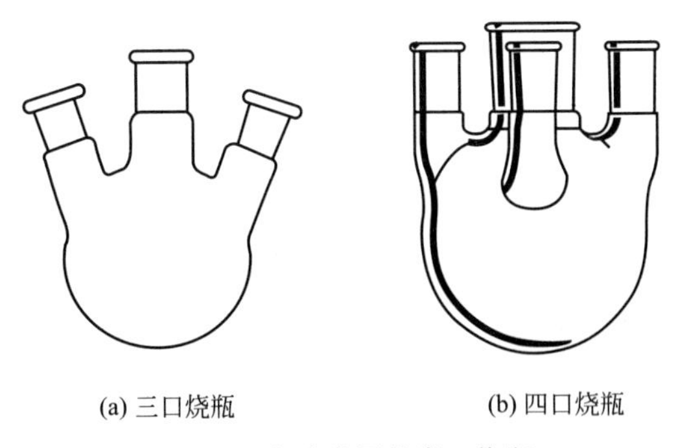

图 1-1 实验常用的磨口烧瓶

除了上述反应器之外，高分子化学实验经常还会使用到冷凝管、蒸馏头、接液管和漏斗等玻璃仪器，如图 1-2 所示。

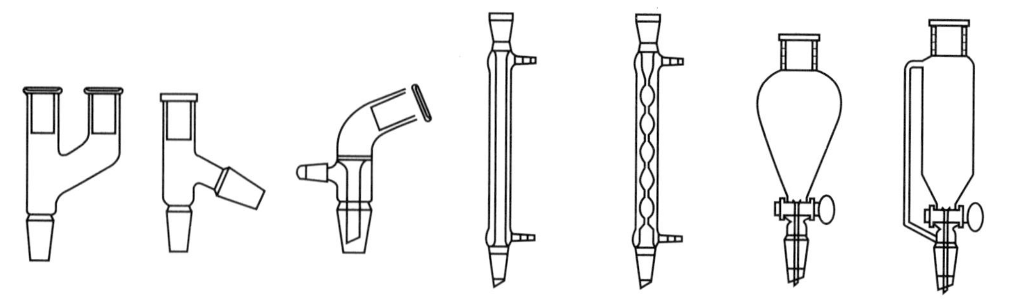

(a) 克氏蒸馏头　(b) 普通蒸馏头　(c) 单口接引管　(d) 直形冷凝管　(e) 球形冷凝管　(f) 滴液漏斗　(g) 平衡滴液漏斗

图 1-2　实验常用玻璃仪器

1.3.2　实验常用的聚合反应装置

在实验中，大多数的聚合反应可在磨口三口烧瓶或四口烧瓶中进行，常用的反应装置如图 1-3 所示，一般带有搅拌器、冷凝管和温度计。

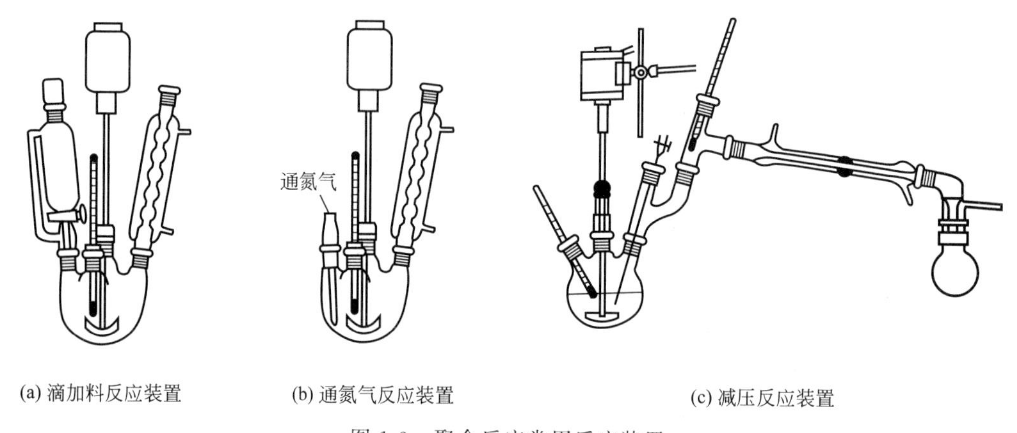

(a) 滴加料反应装置　(b) 通氮气反应装置　(c) 减压反应装置

图 1-3　聚合反应常用反应装置

图 1-3（a）适合于除氧需求不是十分严格的聚合反应。若反应是在回流条件下进行，则在开始回流后，由于体系本身的蒸气可起到隔离空气的作用，因此可停止通氮。图 1-3（b）适合于对除氧除湿要求相对较严格的聚合反应。在反应开始前，先加入固体反应物（也可将固体反应物配成溶液后，以液体反应物形式加入），然后调节三通活塞，抽真空数分钟后，再调节三通活塞充入氮气，如此反复数次，使反应体系中的空气完全被氮气置换。之后再在氮气的保护下，用注射器把液体反应物由三通活塞加入反应体系，并在反应过程中始终保持一定的氮气正压。图 1-3（c）适用于反应中需要减压的聚合反应，如缩聚反应，在聚合过程中需要脱去缩聚反应产生的小分子化合物，使反应向正方向进行，从而提高单体的转化率和产物的分子量。

为了防止反应物特别是挥发性反应物的逸出，搅拌器与瓶口之间应有良好的密封。实验室常用的搅拌器是聚四氟乙烯搅拌器，由于聚四氟乙烯具有良好的自润滑性能和密封性能，因此既能保证搅拌顺利进行，也能起到良好的密封作用。为了得到更好的搅拌效果，也可根据需要用玻璃棒烧制各种特殊形状的搅拌器。对于体系黏度不大的溶液聚合体系也可以使用磁力搅拌器，特别是对除氧除湿要求较严的聚合反应（如离子聚合）。使用磁力搅拌器可提供更好的体系密封性，其中温度计若非必需，可用磨口玻璃塞代替。

1.3.3 聚合反应的温度控制

聚合反应的温度控制是聚合反应实施的重要环节之一。温度对聚合反应的影响，除了和有机化学实验一样表现在聚合反应速率和产物收率方面以外，还表现在聚合物的分子量及其分布上，因此准确控制聚合反应温度十分必要。室温以上的聚合反应可使用电加热套、水浴和油浴等加热装置；对于室温以下的聚合反应，可使用低温浴或采用适当的冷却剂冷却。

准确的温度控制必须使用恒温浴。实验室最常用的热浴是水浴和油浴，由于使用水浴存在水汽蒸发的问题，因此若反应时间较长宜使用油浴（如硅油浴）。根据聚合反应温度控制的需要，可选择适宜的热浴。热浴装置采用恒温水浴箱，可进行水浴和油浴加热。

若反应温度在室温以下，则需根据反应温度选择不同的低温浴。如0℃用冰水浴，更低温度可使用各种不同的冰和盐混合物、液氮和溶剂混合物等。不同的盐与冰、不同溶剂与液氮以不同的配比混合可得到不同的冷浴温度，一般常用的低温浴见表1-2。此外也可使用专门的制冷恒温设备。

（1）加热方式

① 水浴加热　当实验需要的温度在90℃以下时，使用恒温水浴箱对反应体系进行加热和温度控制最为合适，水浴加热具有方便、清洁和安全等优点。长时间的使用水浴，会因水分的大量蒸发而导致水的散失，需要及时补充；过夜反应时可在水面上盖上一层液体石蜡。对于温度控制要求高的实验，可以直接使用超级恒温水槽，还可通过对外输送恒温水达到所需温度，其温差可控制在±0.5℃。由于水管的热量散失，反应器的温度低于超级恒温水槽的设定温度时需要进行调整。

② 油浴加热　水浴不能适用于温度较高的场所，此时需要使用不同的油作为加热介质。油浴不存在加热介质的挥发问题，但是玻璃仪器清洗稍微困难，操作不当还会污染实验台面及其设施。使用油浴加热，还需要注意加热介质的热稳定性和可燃性，最高可加热温度不能超过其限制。表1-1列举了一些常用加热介质的性质。

表1-1　常用加热介质的性质

加热介质	沸点或最高使用温度/℃	评述
水	100	洁净，透明，易挥发
甘油	140～150	洁净，透明，难挥发
植物油	170～180	难清洗，难挥发，高温有油烟
硅油	250	耐高温，透明，价格高
泵油	250	回收泵油多含杂质，不透明

③ 电加热套　电加热套是一种外热式加热器，电热元件封闭于玻璃纤维等绝缘层内，并制成内凹的半球状，非常适合于圆底烧瓶的加热，外部为铝制的外壳。电加热元件可直接与电源相通，也可以通过调压器等调压装置连接于电源，最高使用温度可达450℃。功能较齐全的电加热套带有调节装置，可以对加热功率和温度进行有限的调节，难以准确控制温度。电加热套具有安全、方便和不易损坏玻璃仪器等特点，由于玻璃仪器与电加热套

紧密接触，因此保温性能良好。根据烧瓶的大小，可以选用不同规格的电加热套。

（2）冷却

离子聚合往往需要在低于室温的条件下进行，因此冷却是离子聚合常常需要采取的实验操作。例如，甲基丙烯酸甲酯阴离子聚合为避免副反应的发生，聚合温度在－60℃以下。环氧乙烯的聚合反应在低温下进行，可以减少低聚合物的生成，并提高聚合物收率。

若反应温度需控制在0℃附近，多采用冰水混合物作为冷却介质。若反应体系温度需控制在0℃以下，则采用碎冰和无机盐的混合物作制冷剂。若要维持在更低的温度，则必须使用更为有效的制冷剂（干冰和液氮），干冰和乙醇、乙醚等混合，温度可降至－70℃，通常使用温度为－40～－50℃。液氮与乙醇、丙酮混合使用，冷却温度可稳定在有机溶剂的凝固点附近。表1-2列出不同制冷剂的配制方法和使用温度范围。配制冰盐冷浴时，应使用碎冰和颗粒状盐，并按比例混合。干冰和液氮作为制冷剂时，应置于浅口保温瓶等隔热容器中，以防止制冷剂的过度损耗。

表1-2　常见低温浴的组成及其使用温度范围

温度/℃	组成	温度/℃	组成
0	碎冰	5	干冰＋苯
13	干冰＋二甲苯	－5～－20	冰盐混合物
－4～－50	冰/$CaCl_2$(3.5～4.5)	－33	液氮
－30	干冰＋溴苯	－41	干冰＋乙腈
－50	干冰＋丙二酸二乙酯	－60	干冰＋异丙醚
－72	干冰＋乙醇	－77	干冰＋氯仿或丙酮
－78	干冰粉末	－90	液氮＋硝基乙烷
－98	液氮＋甲醇	－100	干冰＋乙醇
－192	液态空气	－196	液氮

超级恒温水槽可以提供低温环境，并能准确控制温度，也可通过恒温水槽输送冷却液来控制反应温度。

（3）温度的测定和调节

酒精温度计和水银温度计是最常用的测温仪器，它们的量程受凝固点和沸点的限制，前者可在－60～100℃内使用，后者可测定的最低温度为－38℃，最高使用温度在300℃左右。低温测定可使用有机溶剂制成的温度计，甲苯制成的温度计可测低温达－90℃，正戊烷为－130℃。为方便观察在溶剂中加入少量有机染料，这种温度计由于有机溶剂的传热较差和黏度较大，需要较长的平衡时间。

控温仪兼有测温和控温两种功能，但是测温往往不准确，需要用温度计进行校正。

较为简单的控制温度方法是调节电加热元件的输入功率，使加热和热量散失达到平衡，但是该方法不够准确，而且不够安全。使用温度控制器如控温仪和触点温度计能够非常有效和准确地控制反应温度。控温仪的温敏探头置于加热介质中，其产生的电信号输入到控温仪中，并与所设置的温度信号相比较。当加热介质为达到设定温度时控温仪的继电器处于闭合状态，电加热元件继续通电加热；加热介质的温度高于设定温度时，继电器断开，电加热元件不再工作。触点温度计与一台继电器连用，工作原理同上，皆是利用继电器控制电加热元件的工作状态达到控制和调节温度的目的。

要获得良好的恒温系统，除了使用控温设备外，选择适当的电加热元件的功率、电加热介质和调节体系的散热情况也是必需的。

1.4 高分子科学实验报告要求及格式

实验报告既是学生实验工作的全面总结，也是教师评定学生实验成绩的主要依据。书写实验报告的目的是通过分析、归纳、总结实验数据、讨论实验结果，促使学生把实验获得的感性认识上升为理性认识。

实验报告的要求：

① 用规定的实验报告纸书写。

② 个人独立完成实验数据处理和实验报告。

③ 语言通顺、图标清晰、分析合理、讨论深入，能够真实反应实验结果。

实验报告的主要内容包括：①实验名称、学生姓名、学号和实验日期；②实验目的和要求；③实验试剂、仪器、设备以及装置图；④实验原理；⑤实验步骤；⑥实验原始记录；⑦实验数据处理结果；⑧实验结果分析、讨论；⑨实验指导书中的思考题；⑩实验心得与体会总结。

第2章
高分子化学实验

2.1 常用引发剂的精制

2.1.1 过氧化二苯甲酰(BPO)的精制

过氧化二苯甲酰的提纯常采用重结晶法。通常以氯仿为溶剂，以甲醇为沉淀剂进行精制。过氧化二苯甲酰只能在室温下溶于氯仿中，不能加热，因为容易引起爆炸。

其纯化步骤为：在1000mL烧杯中加入50g过氧化二苯甲酰和200mL氯仿，不断搅拌使之溶解、过滤，其滤液直接滴入500mL甲醇中，将会出现白色的针状结晶（即BPO)。然后，将带有白色针状结晶的甲醇再过滤，再用冰冷的甲醇洗净抽干，待甲醇挥发后，称重。根据得到的重量，按以上比例加入氯仿，使其溶解，滴入甲醇，使其沉淀，这样反复再结晶两次后，将沉淀（BPO）置于真空干燥箱中干燥（不能加热，因为容易引起爆炸)。称重。熔点为170℃（分解)。产品放在棕色瓶中，保存于干燥器中。过氧化二苯甲酰在不同溶剂中的溶解度见表2-1。

表2-1 过氧化二苯甲酰在不同溶剂中的溶解度（20℃）

溶剂	石油醚	甲醇	乙醇	甲苯	丙酮	苯	氯仿
溶解度	0.5	1.0	1.5	11.0	14.6	16.4	31.6

2.1.2 偶氮二异丁腈(ABIN)的精制

偶氮二异丁腈是广泛应用的引发剂，它的提纯溶剂主要是低级醇，尤其是乙醇。也有用乙醇-水混合物、甲醇、乙醚、甲苯、石油醚等作溶剂进行精制的报道。它的分析方法是测定生成的氮气，其熔点为102～130℃（分解)。

ABIN的精制步骤如下：

在装有回流冷凝管的150mL锥形瓶中，加入50mL95%的乙醇，于水浴上加热至接近沸腾，迅速加入5g偶氮二异丁腈，振荡，使其全部溶解（煮沸时间长，分解严重)。热溶液迅速抽滤（过滤所用漏斗及吸滤瓶必须预热）。滤液冷却后得白色结晶，用布氏漏斗过滤后，结晶置于真空干燥箱中干燥，称重。其熔点为102℃（分解）。

2.1.3 过硫酸钾和过硫酸铵的精制

在过硫酸盐中主要杂质是硫酸氢钾（或硫酸氢铵）和硫酸钾（或硫酸铵），可用少量水反复结晶进行精制。将过硫酸盐在40℃水中溶解并过滤，滤液用冰水冷却，过滤出结晶，并以冰冷的水洗涤，用 $BaCl_2$ 溶液检验滤液无 SO_4^{2-} 为止，将白色柱状及板状结晶置于真空干燥箱中干燥，在纯净干燥状态下，过硫酸钾能保持很久，但有湿气时，则逐渐分解出氧。过硫酸钾和过硫酸铵可以用碘量法测定其纯度。

2.2 常用单体的精制

2.2.1 甲基丙烯酸甲酯的精制和纯度分析

（1）甲基丙烯酸甲酯的精制

甲基丙烯酸甲酯是无色透明的液体，其沸点为100.3～100.6℃；密度：$d_4^{20}=0.937$；折射率 $n_D^{20}=1.4138$。甲基丙烯酸甲酯常含有稳定剂对苯二酚。首先在1000mL分液漏斗中加入750mL甲基丙烯酸甲酯（MMA）单体，用5%的NaOH水溶液反复洗至无色（每次用量120～150mL），再用蒸馏水洗至中性，以无水硫酸镁干燥后静置过夜，然后进行减压蒸馏，收集46℃/13332.2Pa(100mmHg)的馏分（表2-2），测其折射率。

表2-2 甲基丙烯酸甲酯的沸点与压力的关系

压力/Pa(mmHg)	2666.44 (20)	3999.66 (30)	5332.88 (40)	6666.1 (50)	7999.32 (60)	9332.54 (70)	10665.76 (80)	11998.98 (90)
温度/℃	11.0	21.9	25.5	32.1	34.5	39.2	42.1	46.8
压力/Pa(mmHg)	13332.2 (100)	26664.4 (200)	39996.6 (300)	53328.8 (400)	66661 (500)	79993.2 (600)	101324.72 (760)	
温度/℃	46	63	74.1	82	88.4	94	101.0	

（2）溴化法测定甲基丙烯酸甲酯的纯度

【实验目的】

分析甲基丙烯酸甲酯的纯度，掌握含碳碳双键化合物定量测定的一般方法——溴化法。

【实验原理】

溴化法是含碳碳双键化合物定量测定常用的化学方法，此种方法的原理是测定加成到双键上的溴量，其反应如下：

$$CH_2{=}C(CH_3){-}COOH + Br_2 \longrightarrow CH_2Br{-}CBr(CH_3){-}COOH$$

习惯上常用“溴值”表示加成到双键上的溴量，所谓“溴值”是指加成到100g被测定物质上所用溴的质量（g）。将实测溴值与理论溴值比较，即可求出该不饱和化合物的纯度。

溴化法是在被测定的试样中加入溴液或能产生溴的物质——溴化试剂。常用的溴化试剂为溴-四氯化碳溶液、溴-乙醇溶液和溴化钾-溴酸钾溶液。前者是强烈的溴化剂，在溴加成的同时，也常伴随发生取代反应，尤其是带侧链的不饱和化合物，更容易发生取代反应。而后者是在酸性介质中进行氧化还原反应生成溴。这种溴化试剂可以大大减少取代反应的发生，常用于易发生取代反应的不饱和化合物。溴与双键加成，过量的溴使碘化钾析出碘，然后用硫代硫酸钠溶液滴定碘，从而间接求出样品的溴值和纯度。

【实验步骤】

用自制的小玻璃泡准确称量0.1800～0.2000g甲基丙烯酸甲酯试样[1]，放入磨口锥形瓶中，加入10mL37%醋酸作溶剂。用玻璃棒小心地将玻璃泡压碎，用少量蒸馏水冲洗玻璃棒。用移液管准确吸取50mL 0.1mol·L^{-1} KBr-$KBrO_3$ 溶液[2]，注入锥形瓶中。迅速加入5mL浓盐酸，盖紧瓶塞，摇匀后，避开直射日光放置20min，期间应不断摇动，然后加入1g固体KI，摇动使之溶解后，在暗处放置5min，用0.05mol·L^{-1} $Na_2S_2O_3$ 标准溶液[3]滴定。当溶液呈浅黄色时，加入2mL1%淀粉溶液，继续滴定至蓝色消失。记录读数。重复以上实验二次。并同时做空白实验二次。

【数据处理】

$$溴值=\frac{(A-B)M\times 7.9916}{m} \tag{2-1}$$

$$纯度=\frac{(A-B)M\times 7.9916}{m}\times 100\% \tag{2-2}$$

式中　A——空白实验中消耗的 $Na_2S_2O_3$ 溶液的体积，mL；

B——滴定样品时，消耗的 $Na_2S_2O_3$ 溶液的体积，mL；

M——$Na_2S_2O_3$ 溶液的浓度，mol·L^{-1}；

m——样品的质量，g。

【思考题】

① 用化学反应方程式表示出溴化法分析甲基丙烯酸甲酯的原理。

② 试计算甲基丙烯酸甲酯的理论溴值，并推导测定溴值时的计算公式。

③ 在实验中影响准确度的主要因素是哪些？为什么？

④ 在测定样品的溴值时，为什么先要避光放20min，而加入KI后又要放置于暗处？

【注释】

[1] 测定挥发性很高的液体样品，需采用玻璃小泡称重取样，因为这类液体即使在磨口玻璃塞瓶中称量，也会有严重损失。同时有些液体放出腐蚀性的蒸气或气体易降低天平的精度。

试样吸入步骤：将准确称量好的玻璃小泡（小泡直径约10mm），在小火焰中微微加热，借膨胀作用赶出其中一些空气，迅速将小泡的支管（毛细管）尖端插入试样的液面以下。利用小泡中空气收缩把试样吸入小泡内，再小心地用小火将支管封口，注意勿使试样受热分解。准确称量吸入试样小泡的质量，计算出试样的质量。

［2］ $0.1mol \cdot L^{-1}$ $KBr-KBrO_3$ 溶液的配制：称取 17.5g KBr 和 2.784g $KBrO_3$ 用蒸馏水溶解至 1L 备用，存放在避光处。

［3］ $0.05mol \cdot L^{-1}$ $Na_2S_2O_3$ 溶液的配制及标定：将 12.5g $Na_2S_2O_3$ 用刚煮沸过的冷蒸馏水溶解到 1L。放置 8～14d 后过滤贮存于棕色瓶中备用。用标准重铬酸钾溶液标定。假如要长期存放 $Na_2S_2O_3$，应加 0.02%碳酸钠以防分解，而加入 $10g \cdot L^{-1}$ 碘化汞可防止微生物滋生。

硫代硫酸钠（$Na_2S_2O_3$）溶液的标定：将分析纯的重铬酸钾（$K_2Cr_2O_7$）在 130℃烘箱中干燥 3h 后，准确称取 0.1000～0.1500g $K_2Cr_2O_7$ 放入 300mL 磨口锥形瓶中。加入 20mL 蒸馏水，使之溶解，再加 15g 碘化钾和 15mL $2mol \cdot L^{-1}$ 的盐酸，盖好瓶塞充分摇动，放置暗处 5min。用 150mL 蒸馏水稀释，以硫代硫酸钠溶液滴定到淡黄绿色，然后加入 2mL1%淀粉溶液。继续滴定到蓝色消失，变成绿色为止，按下式计算其浓度：

$$c_{Na_2S_2O_3}=\frac{1000m}{VM_{K_2Cr_2O_7}} \tag{2-3}$$

式中　m——$K_2Cr_2O_7$ 的质量，g；

$M_{K_2Cr_2O_7}$——$K_2Cr_2O_7$ 的摩尔质量；

V——所消耗的 $Na_2S_2O_3$ 溶液的体积，mL。

2.2.2　苯乙烯的精制和纯度分析

苯乙烯为无色或淡黄色透明液体，其沸点为 145.20℃；相对密度 $d_4^{20}=0.9060$；折射率 $n_D^{20}=1.55469$。

取 150mL 苯乙烯于分液漏斗中，用 5%氢氧化钠溶液反复洗至无色（每次用量 30mL）。再用蒸馏水洗涤到水层呈中性为止。用无水硫酸镁干燥。干燥后的苯乙烯在 250mL 克氏蒸馏烧瓶中进行减压蒸馏。收集 44～45℃/2666.44Pa(20mmHg) 或 58～59℃/5332.88Pa(40mmHg) 的馏分(表 2-3)，测量折射率。

表 2-3　苯乙烯的沸点和压力的关系

压力/Pa(mmHg)	666.61 (5)	1333.22 (10)	2666.44 (20)	3999.66 (30)	5332.88 (40)	6666.1 (50)
温度/℃	17.9	30.7	44.6	53.3	59.8	65.1
压力/Pa(mmHg)	7999.32 (60)	9332.54 (70)	10665.76 (80)	11998.98 (90)	13332.2 (100)	26664.4 (200)
温度/℃	69.5	73.3	76.5	79.7	82.4	101.7
压力/Pa(mmHg)	3996.6 (300)	53328.8 (400)	66661 (500)	7993.2 (600)	101324.72 (760)	
温度/℃	113.0	123.0	130.5	136.9	145.2	

注：苯乙烯纯度分析，可采用①溴化法（详见甲基丙烯酸甲酯纯度分析）；②气相色谱分析等方法（请参看有关资料）。

2.2.3　醋酸乙烯酯的精制和纯度分析

（1） 醋酸乙烯酯的精制

【实验目的】

了解单体精制的目的，了解醋酸乙烯酯中各种杂质对其聚合的影响。掌握醋酸乙烯酯单体的提纯方法。

醋酸乙烯酯是无色透明的液体。沸点72.5℃；冰点−100℃；相对密度 $d_4^{20}=0.9342$；折射率 $n_D^{20}=1.3956$。在水中溶解度（20℃）为2.5%，可与醇混溶。

目前，我国工业生产的醋酸乙烯酯采用乙炔气相法。在此法生产过程中，副产品种类很多。其中对醋酸乙烯酯聚合影响较大的物质有：乙醛、巴豆醛（丁烯醛）、乙烯基乙炔、二乙烯基乙炔等。

实验室中使用的醋酸乙烯酯，为了贮存，在单体中还加入了0.01%～0.03%对苯二酚阻聚剂，以防止单体自聚。此外，在单体中还含有少量酸、水分和其他杂质等。因此在进行聚合反应之前，必须对单体进行提纯。

【实验步骤】

把20mL的醋酸乙烯酯放入500mL分液漏斗中，用饱和亚硫酸氢钠溶液洗涤三次，每次用量50mL，然后用蒸馏水洗涤三次。再用饱和碳酸钠溶液洗涤三次，每次用量50mL。然后用蒸馏水洗涤三次，最后将醋酸乙烯酯放入干燥的500mL磨口锥形瓶中，用无水硫酸镁干燥，静置过夜。

将干燥的醋酸乙烯酯，在装有韦氏分馏柱的精馏装置上进行精馏。为了防止暴沸和自聚，在蒸馏瓶中加入几粒沸石及少量对苯二酚阻聚剂。开始加热分馏，并收集71.8～72.5℃之间的馏分，测其折射率。

【思考题】

① 在聚合前醋酸乙烯酯为什么要进行精制？各种杂质对聚合反应有什么影响？

② 用饱和亚硫酸氢钠和饱和碳酸钠洗涤单体的目的何在？

③ 为什么无水硫酸镁可以作为醋酸乙烯酯的干燥剂？其干燥的原理如何？

④ 分馏原理是什么？醋酸乙烯酯的分馏目的是什么？

（2）纯度分析

① 溴化法（详见MMA纯度分析）。

② 气相色谱法等。

2.2.4 丙烯腈的精制和纯度分析

（1）丙烯腈的精制

丙烯腈为无色透明液体。其沸点77.3℃；密度 $d^{20}=0.8060$；折射率 $n_D^{20}=1.3911$。在水中的溶解度（20℃）为7.5%。

吸取200mL工业丙烯腈放入500mL蒸馏瓶中进行普通蒸馏，收集73～78℃的馏分，测其折射率。

注意：丙烯腈有剧毒，操作最好在通风橱中进行，操作过程中要仔细，绝对不能让丙烯腈进入口中，或接触皮肤。仪器装置要严密，毒气应排出室外，残渣要用大量水冲洗！

（2）2,3-二巯基丙醇法测定丙烯腈的纯度

丙烯腈与2,3-二巯基丙醇在碱性催化剂存在下，进行定量加成反应，过量的2,3-二巯基丙醇在酸性介质中与碘定量反应，以此确定丙烯腈的含量。此法简单、误差小，对于低浓度较为接近真实值。

$$2CH_2{=}CH{-}CN + \underset{SH}{\underset{|}{CH_2}}{-}\underset{SH}{\underset{|}{CH}}{-}CH_2OH \xrightarrow{OH^-} \underset{S-CH_2-CH_2-CN}{\underset{|}{CH_2}}{-}\overset{S-CH_2-CH_2-CN}{\overset{|}{CH}}{-}CH_2{-}OH$$

$$\underset{SH}{\underset{|}{CH_2}}{-}\underset{SH}{\underset{|}{CH}}{-}CH_2OH + I_2 \xrightarrow{H^+} \underset{S}{\underset{|}{CH_2}}{-}\underset{S}{\underset{|}{CH}}{-}CH_2OH \quad (S{-}S)$$

【试剂】

0.2mol·L^{-1} 2,3-二巯基丙醇溶液 20mL（约为 24.9g）。2,3-二巯基丙醇溶液溶于 2L 乙醇中，摇匀避光放置一日。

0.5mol·L^{-1} NaOH 溶液：20g NaOH 溶于 1L 蒸馏水中。

0.5mol·L^{-1} KOH-C_2H_5OH 溶液：28g KOH 溶于 1L 乙醇中。

6mol·L^{-1}盐酸：12mol·L^{-1}盐酸 500mL 用水稀释至 1L。

【实验步骤】

准确吸取 2,3-二巯基丙醇-乙醇溶液 20mL，置于 100mL 碘量瓶中。并准确吸取一定量样品[1]，加入 2～3 滴酚酞指示剂，用 0.5mol·L^{-1}NaOH 溶液或 0.5mol·L^{-1} KOH-C_2H_5OH 溶液中和至微红色。再过量 10mL，充分摇动使其反应完全，用 2mL 6mol·L^{-1} HCl 酸化并摇匀[2]，用 0.1mol·L^{-1}标准碘溶液滴定至淡黄色[3]，摇半分钟不褪色即为终点。

同时做一空白实验。记录滴定样品与空白实验消耗的碘液体积。

$$w_{丙烯腈}=\frac{(V_1-V_2)c_{I_2}\times 0.05306}{m}\times 100\% \tag{2-4}$$

式中 V_1——空白实验消耗的碘液的体积，mL；

V_2——滴定样品时消耗的碘液的体积，mL；

c_{I_2}——标准碘液的浓度，mol·L^{-1}；

0.05306——丙烯腈的毫摩尔质量；

m——样品质量，g。

【注释】

[1] 样品含量＞40%时，用 0.25mL 注射器称取 0.1～0.2g 样品。样品含量＜40%时，用 0.1 或 0.2mL 移液管取样。

[2] HCl 不宜过多，否则碘液易被分解，使结果偏低。

[3] 0.1mol·L^{-1}碘标准溶液的配制和标定。

配制：用少量水溶解 25g KI，在不断搅拌下加入 13g 碘（化学纯）。待全部溶解后，移入 1L 容量瓶中，用水稀释至刻度，过滤贮于棕色瓶中，过夜，待标定。

标定：用移液管吸取 25mL 碘液 3 份，分别加入 50mL 蒸馏水和 1∶1HCl5mL 用 0.05mol·L^{-1} $Na_2S_2O_3$ 标准溶液滴定至微黄色后，加入 0.5%淀粉溶液 2mL，继续以 $Na_2S_2O_3$ 滴定蓝色刚好消失为止。

$$c_{I_2}=\frac{Vc_{Na_2S_2O_3}}{V_{I_2}} \tag{2-5}$$

式中　V——滴定时消耗的 $Na_2S_2O_3$ 溶液的体积，mL；

V_{I_2}——碘标准溶液的体积，mL；

$c_{Na_2S_2O_3}$——$Na_2S_2O_3$ 溶液的浓度，$mol \cdot L^{-1}$；

c_{I_2}——碘液的浓度，$mol \cdot L^{-1}$。

（3）亚硫酸钠法测定丙烯腈的纯度

丙烯腈与亚硫酸钠在水溶液中起加成反应，并生成定量的 NaOH，用标准盐酸滴定，以茜素黄-麝香草酚酞作指示剂，溶液滴定至由紫色变为无色为终点。同时做一空白实验。

$$CH_2=CH-CN + Na_2SO_3 \longrightarrow \underset{\displaystyle SO_3Na}{\underset{|}{CH_2}}-CH_2-CN + NaOH$$

$$NaOH + HCl \longrightarrow NaCl + H_2O$$

此法简便、误差小，适用于高浓度丙烯腈的测定。

【试剂】

$1mol \cdot L^{-1}$ Na_2SO_3 溶液：称取 252g 结晶 Na_2SO_3 或 126g 无水 Na_2SO_3，用蒸馏水溶解后移入 1L 容量瓶中，用水稀释至刻度。

茜素黄-麝香草酚酞混合指示剂：称取 0.1g 茜素黄及 0.2g 麝香草酚酞溶于 100mL 乙醇中，即可使用。颜色变化 pH 值为 0.2。变化十分敏锐，当溶液由碱性转为酸性时，颜色由紫色变为淡黄色。

$0.5mol \cdot L^{-1}$ 盐酸标准溶液。

【实验步骤】

于 250mL 碘瓶中加入 $1mol \cdot L^{-1}$ $Na_2S_2O_3$ 溶液 25mL，准确地加入一定量样品（根据样品浓度决定），具塞瓶用蒸馏水封好瓶塞，摇动静置 15min，使反应完全，加入茜素黄-麝香草酚酞混合指示剂 5 滴，用 $0.5mol \cdot L^{-1}$ 盐酸标准溶液滴定到紫色消失为止。同时做空白实验。

$$w_{丙烯腈} = \frac{(V_1 - V_2)c_{HCl} \times 0.05306}{m} \times 100\% \tag{2-6}$$

式中　V_1——空白滴定时消耗的盐酸标准溶液的体积，mL；

V_2——样品滴定时消耗的盐酸标准溶液的体积，mL；

c_{HCl}——盐酸标准溶液的浓度，$mol \cdot L^{-1}$；

m——样品质量，g；

0.05306——丙烯腈的毫摩尔质量。

2.3　高分子合成实验

实验1　甲基丙烯酸甲酯的本体聚合

【实验目的】

1. 了解本体聚合的基本原理和特点。

2. 掌握引发剂用量对聚合速率和产品性能的影响。

【实验原理】

本体聚合又称为块状聚合，它是在没有任何介质的情况下，单体本身在微量引发剂的引发下聚合，或者直接在热、光、辐射线的照射下引发聚合。本体聚合的优点：生产过程比较简单，聚合物不需要后处理，可直接聚合成各种规格的板、棒、管制品，所需的辅助材料少，产品比较纯净。但是，由于聚合反应是一个连锁反应，反应速率较快，在反应某一阶段出现自动加速现象，反应放热比较集中；又因为体系黏度较大，传热效率很低，所以大量热不易排出，因而易造成局部过热，使产品变黄，出现气泡，而影响产品质量和性能，甚至会引起单体沸腾暴聚，使聚合失败。因此，本体聚合中严格控制不同阶段的反应温度，及时排出聚合热，是聚合成功的关键。

当本体聚合至一定阶段后，体系黏度大大增加，这时大分子活性链移动困难，但单体分子的扩散并不受多大的影响，因此，链引发、链增长仍然照样进行，而链终止反应则因为黏度大而受到很大的抑制。这样，在聚合体系中活性链总浓度就不断增加，结果必然使聚合反应速率加快。又因为链终止速率减慢，活性链寿命延长，所以产物的分子量也随之增加。这种反应速率加快，产物分子量增加的现象称为自动加速现象（或称凝胶效应）。反应后期，单体浓度降低，体系黏度进一步增加，单体和大分子活性链的移动都很困难，因而反应速率减慢，产物的分子量也降低。由于这种原因，聚合产物的分子量不均一性（分子量分布宽）就更为突出，这是本体聚合本身的特点所造成的。

对于不同的单体来讲，由于其聚合热不同、大分子活性链在聚合体系中的状态（伸展或卷曲）不同，凝胶效应出现的早晚不同，其程度也不同。并不是所有单体都能选用本体聚合方法，对于聚合热值过大的单体，由于热量排出更为困难，就不宜采用本体聚合，一般选用聚合热适中的单体，以便于生产操作的控制。甲基丙烯酸甲酯和苯乙烯的聚合热分别为 $56.5kJ\cdot mol^{-1}$ 和 $69.9kJ\cdot mol^{-1}$，它们的聚合热是比较适中的，工业上已有大规模的生产。大分子活性链在聚合体系中的状态，是影响自动加速现象出现早晚的重要因素，比如，在聚合温度 50℃时，甲基丙烯酸甲酯聚合出现自动加速现象时的转化率为 10%～15%，而苯乙烯在转化率为 30%以上时，才出现自动加速现象。这是因为甲基丙烯酸甲酯对它的聚合物或大分子活性链的溶解性能不太好，大分子在其中呈卷曲状态，而苯乙烯对它的聚合物或大分子活性链溶解性能要好些，大分子在其中呈比较伸展的状态。以卷曲状态存在的大分子活性链，其链端易包在活性链的线团内，这样活性链链端被屏蔽起来，使链终止反应受到阻碍，因而其自动加速现象出现的就早些。由于本体聚合有上述特点，在反应配方及工艺选择上必然是引发剂浓度和反应温度较低，反应速率比其他聚合方法低，反应条件有时随不同阶段而异，操作控制严格，这样才能得到合格的制品。

【实验仪器和试剂】

安瓿瓶（5mL）4 个　　250mL 烧杯 4 个

恒温水浴锅 1 台　　甲基丙烯酸甲酯 50mL

过氧化二苯甲酰若干

【实验步骤】

1. 取 4 个 5mL 安瓿瓶，预先用洗液、自来水和去离子水（或蒸馏水）依次洗干净、烘干备用。

2. 分别在烧杯中称取定量的引发剂（其用量分别为单体质量的0%、0.3%、0.8%、2.0%），加入定量的单体使引发剂充分溶解（配方见表2-4）。

3. 将每个安瓿瓶编号，分别加入引发剂含量不同的3～5mL配好的单体-引发剂溶液（步骤2），盖上试管口，放入预先恒温的水浴锅中，温度控制在70～75℃，观察聚合情况，记录所得结果，并进行分析讨论。

表2-4　单体与引发剂配方

单体	引发剂浓度/%			
甲基丙烯酸甲酯	0	0.3	0.8	2.0

【思考题】

1. 本体聚合与其他各种聚合方法比较，各有什么特点？
2. 在本体聚合中，如何控制聚合热？

实验2　苯乙烯的悬浮聚合

【实验目的】

1. 了解悬浮聚合的反应原理及配方中各组分的作用。
2. 了解悬浮聚合实验操作及聚合工艺的特点。
3. 通过实验了解苯乙烯单体聚合反应的特性。
4. 掌握苯乙烯单体的精制方法。

【实验原理】

为了保证单体在存储过程中不发生聚合反应，往往在单体中加入阻聚剂。阻聚剂的存在会影响聚合反应，所以在进行聚合实验前需要对单体提纯，除去阻聚剂保证聚合反应顺利进行。苯乙烯可通过多次碱洗和水洗除去阻聚剂。

悬浮聚合是指在较强的机械搅拌下，借助悬浮剂的作用，将溶有引发剂的单体分散在另一与单体不溶的介质中（一般为水）所进行的聚合。根据聚合物在单体中溶解与否，可得透明状聚合物或不透明、不规整的颗粒状聚合物。像苯乙烯、甲基丙烯酸酯，其悬浮聚合物多是透明珠状物，故又称悬浮聚合；而聚氯乙烯因不溶于其单体中，故为不透明、不规整的乳白色小颗粒（称为颗粒状聚合）。

悬浮聚合实质上是单体小液滴内的本体聚合，在每一个单体小液滴内单体的聚合过程与本体聚合是相类似的，但由于单体在体系中被分散成细小的液滴，因此，悬浮聚合又具有自己的特点。由于单体以小液滴形式分散在水中，散热表面积大，水的比热大，因而解决了散热问题，保证了反应温度的均一性，有利于反应的控制。悬浮聚合的另一优点是由于采用悬浮稳定剂，所以最后得到易分离、易清洗、纯度高的颗粒状聚合产物，便于直接成型加工。

可作为悬浮剂的物质有两类：一类是可溶于水的高分子化合物，如聚乙烯醇、明胶、聚甲基丙烯酸钠等；另一类是不溶于水的无机盐粉末，如硅藻土、钙镁的碳酸盐、硫酸盐和磷酸盐等。悬浮剂的性能和用量对聚合物颗粒大小和分布有很大影响。一般来讲，悬浮剂用量越大，所得聚合物颗粒越细，如果悬浮剂为水溶性高分子化合物，悬浮剂分子量越小，所得的树脂颗粒就越大，因此悬浮剂分子量的不均一会造成树脂颗粒分布变宽。如果是固体悬浮剂，用量一定时，悬浮剂粒度越细，所得树脂的粒度也越小，因此，悬浮剂粒度的不均匀也会导致树脂颗粒大小的不均匀。

为了得到颗粒度合格的悬浮聚合物，除加入悬浮剂外，严格控制搅拌速度是一个相当关键的问题。随着聚合转化率的增加，小液滴变得很黏，如果搅拌速度太慢，则珠状不规则，且颗粒易发生黏结现象。但搅拌太快时，又易使颗粒太细，因此，悬浮聚合产品粒度分布的控制是悬浮聚合中一个很重要的问题。

掌握悬浮聚合的一般原理后，本实验仅对苯乙烯单体及其在悬浮聚合中的一些特点作一简述。

苯乙烯是一种比较活泼的单体，在贮存过程中如不添加阻聚剂即会引起自聚。但是，苯乙烯自由基并不活泼，因此，苯乙烯聚合速率较慢。另外，苯乙烯在聚合过程中凝胶效应并不特别显著，在本体及悬浮聚合中，仅在转化率为50%～70%时有一些自动加速现象。因此，苯乙烯的聚合速率比较缓慢，例如与甲基丙烯酸甲酯相比较，在用同量的引发剂时，其所需的聚合时间比甲基丙烯酸甲酯多好几倍。

【实验仪器和试剂】

三口烧瓶 1 个
电动搅拌器 1 套
恒温水浴 1 套
冷凝管 1 支
温度计（0～150℃）1 支
吸管 1 支
抽滤装置 1 套
分液漏斗一套
烧杯若干
玻璃棒若干
真空泵一台
苯乙烯 50mL
聚乙烯醇少量
过氧化二苯甲酰若干
去离子水若干

【实验步骤】

1. 在 250mL 三口烧瓶上装上搅拌器和冷凝管。量取 45mL 去离子水，称取 0.1～0.15g 聚乙烯醇（PVA）加入到三口烧瓶中[1]，开动搅拌器并加热水浴至 90℃左右，待聚乙烯醇完全溶解后（20min 左右），将水温降至 80℃左右。

2. 称取 0.2～0.3g 过氧化二苯甲酰（BPO）[2]于一干燥、洁净的 50mL 烧杯中，并加入 9mL 苯乙烯单体（已精制），使之完全溶解[3]。

3. 将溶有引发剂的单体倒入三口烧瓶中，此时需小心调节搅拌速度，使液滴分散成合适的颗粒度（注意开始时搅拌速度不要太快，否则颗粒分散得太细），继续升高温度，控制水浴温度在 85～90℃范围内，使之聚合。一般在达到反应温度后 1.5～2.5h 为反应危险期，此时搅拌速度控制不好（速度太快、太慢或中途停止等），就容易使珠子黏结变形。

4. 在反应 2.5h 后，可以用大吸管吸出一些反应物，检查珠子是否变硬，如果已经变硬，即可将水浴温度升高至95℃，反应0.5～1h后即可停止反应。

5. 将反应物过滤，观看颗粒度的分布情况。

【思考题】

1. 试考虑苯乙烯悬浮聚合过程中，随转化率的增长，其反应速率和分子量的变化规律。

2. 为什么聚乙烯醇能够起稳定剂的作用？聚乙烯醇的聚合度和用量在悬浮聚合中，对颗粒度影响如何？

3. 根据实验实践，在悬浮聚合的操作中，应该特别注意的是什么，为什么？

【注释】

[1] 聚乙烯醇的用量根据所要求的珠子的颗粒度大小以及所用的聚乙烯醇本身的性质（分子量，醇解度）而定。根据各方面的资料来看，用量差别较大，其用量相对于单体来说，最多的为3%，最少的为0.1%～0.5%。本实验聚乙烯醇用量为单体的1.2%。

[2] 在工业上要得到一定分子量的悬浮聚合物，一般引发剂用量应为单体质量的0.2%～0.5%，但所需聚合时间较长，如聚苯乙烯生产中当引发剂用量为单体质量的0.3%时，聚合时间需13h。本实验为了缩短反应时间选用了较大的引发剂用量。

[3] 工业上为提高设备利用率，采用的水油比较小，一般为（1∶1）～（4∶1），而在本实验中所采用的水油比为5∶1，因为高水油比有利于操作（水油比即水用量与单体用量之比）。

实验3 丙烯酰胺的水溶液聚合

【实验目的】

1. 掌握溶液聚合的方法及原理。

2. 学习如何正确地选择溶剂。

【实验原理】

与本体聚合相比，溶液聚合体系具有黏度低、搅拌和传热比较容易、不易产生局部过热、聚合反应容易控制等优点。但由于溶剂的引入，溶剂的回收和提纯使聚合过程复杂化。只有在直接使用聚合物溶液的场合，如涂料、黏结剂、浸渍剂、合成纤维纺丝液等，使用溶液聚合才最为有利。

进行溶液聚合时，由于溶剂并非完全是惰性的，对反应要产生各种影响，选择溶剂时要注意对引发剂分解的影响、链转移作用、对聚合物溶解性能的影响。丙烯酰胺为水溶性单体，其聚合物也溶于水，本实验采用水为溶剂进行溶液聚合。与以有机物作溶剂的溶液聚合相比，具有廉价、无毒、链转移常数小、对单体和聚合物的溶解性能好的优点。丙烯酰胺是一种优良的絮凝剂，水溶性好，广泛应用于石油开采、选矿、化学工业及污水处理等方面。

合成丙烯酰胺的化学反应简式如下：

$$nCH_2{=}CH(CONH_2) \xrightarrow[\text{引发剂}]{\text{聚合}} {-}\!\!\left[CH_2{-}CH(CONH_2)\right]\!\!{-}_n$$

【实验仪器和试剂】

三口烧瓶 1 个
回流冷凝管 1 个
搅拌器 1 套
恒温水浴 1 套
烧杯若干
量筒若干
丙烯酰胺 10 克
甲醇 150mL
过硫酸钾（或过硫酸铵）若干
氮气（排除反应体系中的氧气）若干

【实验步骤】

1. 将装有搅拌器、球形冷凝管的 250mL 三口烧瓶固定在恒温水浴中。

2. 将 5g（0.07mol）丙烯酰胺和 40mL 蒸馏水加入三口烧瓶中，开动搅拌器并将水浴温度加热至 30℃，使单体溶解。然后把溶解在 10mL 蒸馏水中的 0.03g 过硫酸盐加入反应器。逐步升温到 75～80℃，这时聚合物便逐渐形成，反应 2～3h 后停止反应。

3. 反应完毕，将所得的产物用滴管吸取少量，滴入盛有少量甲醇的烧杯中，观察是否有聚合物沉淀下来，检测聚合反应是否成功。

【思考题】

1. 进行溶液聚合时，选择溶剂的原则和注意事项有哪些。

2. 工业上在什么情况下采用溶液聚合？

实验 4　醋酸乙烯酯的乳液聚合

【实验目的】

1. 通过醋酸乙烯酯乳液聚合，进一步了解乳液聚合中各组分的作用及乳液聚合的特点。

2. 掌握制备聚醋酸乙烯酯胶乳的方法。

【实验原理】

引发剂具有重要的作用（提供自由基），所以引发剂的纯度不仅影响聚合反应的速率和产物的分子量，而且影响聚合反应能否进行。过硫酸盐的提纯可利用其在冷热水中的溶解度差异反复重结晶得到高纯度产品。

醋酸乙烯酯中各种杂质对其聚合有影响。醋酸乙烯酯是无色透明液体。沸点 72.5℃；冰点－100℃；相对密度 $d_4^{20}=0.9342$；折射率 $n_D^{20}=1.3956$。在水中的溶解度（20℃）为 2.5%，可与醇互溶。

目前我国工业生产的醋酸乙烯酯采用乙炔气相法。在此生产过程中，副产品种类很多。其中对醋酸乙烯酯聚合影响较大的物质有：乙醛、巴豆醛（丁烯醛）、乙烯基乙炔、二乙烯基乙炔等。

本实验室使用的是醋酸乙烯酯，为了存储的目的，在单体中还加入了 0.01%～

0.03%对苯二酚阻聚剂，以防止单体自聚。此外，在单体中还含有少量酸、水分和其他杂质等。因此，在聚合反应前，必须对单体进行提纯。

乳液聚合是指单体在乳化剂的作用下，分散在介质中加入水溶性引发剂，在机械搅拌或振荡作用下进行非均相聚合的反应过程。它不同于溶液聚合，又不同于悬浮聚合，它是在乳液的胶束中进行的聚合反应，产品为具有胶体溶液特征的聚合物胶乳。

乳液聚合体系主要包括单体、分散介质（水）、乳化剂和引发剂，还有调节剂、pH缓冲剂及电解质等其他辅助试剂，它们的比例大致如下：

水（分散介质）60%～80%（占乳液总质量）单体20%～40%（占乳液总质量）

乳化剂0.1%～5%（占单体质量）引发剂0.1%～0.5%（占单体质量）

调节剂0.1%～1%（占单体质量）其他少量

乳化剂是乳液聚合中的主要组分，当乳化剂水溶液超过临界胶束浓度时，开始形成胶束。在一般乳液配方条件下，由于胶束数量极大，胶束内有增溶的单体，所以在聚合早期链引发与链增长绝大部分在胶束中发生，以胶束转变为单体-聚合物颗粒，乳液聚合的反应速率和产物分子量与反应温度、反应场所、单体浓度、引发剂浓度和单位体积内单体-聚合物颗粒数目等有关。而体系中最终有多少单体-聚合物颗粒主要取决于乳化剂和引发剂的种类和用量。当温度、单体浓度、引发剂浓度、乳化剂种类一定时，在一定范围内，乳化剂用量越多，反应速率越快，产物分子量越大。乳化剂的另一作用是减少分散相与分散介质间的界面张力，使单体与单体-聚合物颗粒分散在介质中形成稳定的乳状液。

乳液聚合的优点是：①聚合速率快、产物分子量高；②由于使用水做介质，易于散热，温度容易控制，费用也低；③由于聚合形成稳定的乳液体系黏度不大，故可直接用于涂料、黏合剂、织物浸渍等。如需要将聚合物分离，除使用高速离心外，亦可将胶乳冷冻，或加入电解质将聚合物凝聚，然后进行分离，经净化干燥后可得固体状产品。它的缺点是：聚合物中常带有未洗净的乳化剂和电解质等杂质，从而影响成品的透明度、热稳定性、电性能等。尽管如此，乳液聚合仍是工业生产的重要方法，特别是在合成橡胶工业中应用得最多。

在乳液聚合中，单体用量、引发剂用量、水的用量和反应温度一定时，仅改变乳化剂的用量，则形成胶束的数目要改变，最终形成的单体-聚合物颗粒的数目也要改变。乳化剂用量多时，最终形成的单体-聚合物颗粒数目也多，那么，它的聚合反应的速率及聚合物分子量也就大。

【实验仪器和试剂】

三口烧瓶1个

回流冷凝管1个

电动搅拌器1套

恒温水浴1套

量筒（10mL、50mL）各1个

烧杯（50mL）2个

温度计（0～100℃）1支

醋酸乙烯酯60mL

聚乙烯醇若干

过硫酸钾若干

去离子水若干

玻璃棒1支

【实验步骤】

1. 在装有搅拌器、球形冷凝管和温度计的 250mL 三口烧瓶中，加入 50mL 去离子水、1.5～2.0g 乳化剂聚乙烯醇（PVA）开始搅拌，并水浴加热，冷凝管通冷却水冷却，水浴温度控制在 90℃左右，使 PVA 溶解。（注：加 30mL 去离子水、再加入 20mL 已配好的 PVA 乳化剂溶液）

2. 引发剂溶液的配制：称取引发剂过硫酸钾（$K_2S_2O_8$）0.1g 放入干燥、洁净的 50mL 烧杯中，用移液管或量筒准确吸取 10mL 去离子水，使引发剂溶液的浓度为 10mg $K_2S_2O_8$/1 mL H_2O，完全溶解后备用。

3. 当乳化剂 PVA 溶解后，将体系冷却至 68～70℃，加入 2mL OP-10，搅匀后加入 5mL 单体、10mL 引发剂溶液，回流 30min，保持反应温度为 70～75℃。

4. 每隔 15～20min，加入 5mL 单体，直至加入 30mL 单体为止。每隔 15～20min 记录一次单体的加入量、反应温度和回流情况（视反应的具体情况，加入单体的时间间隔可以变动，但要保证总反应时间在 3h 以上）。

5. 当单体加入完毕，且至少再反应 10min 后，将体系的温度升高至 90℃，再反应 30min，聚合完毕。

【思考题】

1. 在实验操作中，单体为什么要分批加入？

2. 可用于乳液聚合的引发剂有哪些？为什么？

3. 乳化剂的作用是什么？

实验 5　苯乙烯/丙烯酸丁酯乳液共聚合

【实验目的】

1. 掌握以苯乙烯、丙烯酸酯类为单体，针对目标产物进行聚合实验设计的基本原理。

2. 学会不同聚合机理、聚合方法的正确选择及确定。

【实验原理】

两种或两种以上的单体参加的聚合反应称为共聚。共聚是增加聚合物品种，改善聚合物性能的主要手段之一。两单体共聚时，由于两单体竞聚率乘积的不同，聚合反应可分为理想共聚、交替共聚、非理想共聚合和“嵌段”共聚。不同的共聚反应类型，共聚物组成的控制各有不同。对有恒比共聚点的体系，在恒比共聚点投料，控制转化率可合成出组成恒定的共聚乳液。根据要合成的共聚乳液的组成，选择补加单体的投料方法也可合成出组成恒定的共聚乳液。苯乙烯和丙烯酸丁酯共聚时，$r_1=0.698$，$r_2=0.164$。

苯乙烯、丙烯酸丁酯都是按照连锁聚合中的自由基聚合机理进行聚合的。聚合方法可根据需要采用本体聚合、溶液聚合、悬浮聚合和乳液聚合。

【主要试剂及主要仪器】

250mL 三口烧瓶；冷凝管；量筒；烧杯；玻璃片；试管；恒温水浴；搅拌器；电子天平；烘箱；离心机。

苯乙烯，已精制；丙烯酸丁酯，已精制；OP-10；十二烷基苯磺酸钠；去离子水。

【共聚乳液制备实验设计】

目标产物：组成基本恒定的苯丙共聚乳液。

提示：

1. 聚合机理及聚合方法：自由基共聚，乳液聚合

2. 聚合配方：水单比 2∶1

引发剂为单体质量的 0.2%～0.3%

乳化剂为单体质量的 2%～3%

3. 聚合工艺：反应温度 75～80℃

反应时间：3h

实验前完成：

1. 写出共聚物结构。

2. 确定聚合机理及聚合方法，写出聚合反应的基元反应。

3. 确定聚合反应类型，计算出具体配方（去离子水用量为 30mL）。

4. 确定聚合装置及主要仪器，画出聚合装置简图。

5. 确定加料方式。

6. 确定工艺流程，并写出实验步骤。

【性能测试】

测试标准 GB/T 11175—2002《合成树脂乳液试验方法》。

1. 乳液外观

将 3mL 乳液置于试管中，目测乳液颜色、均一性、透明度，有无分层、有无沉淀。将乳液涂在玻璃板上，目测检查有无粒子和异物（试管中的乳液可直接用于稀释稳定性测定）。

2. 稀释稳定性

在试管中加入 3mL 乳液，边搅拌边加入 10mL 去离子水，放置 24h 后，观察是否分层或破乳。

3. 离心稳定性

在离心试管中加入半试管乳液，离心 60min，观察乳液是否分层。

4. 钙离子稳定性

在试管中加入 3mL 乳液，滴加 0.5%的 $CaCl_2$ 溶液，直至破乳，记录 $CaCl_2$ 溶液用量。或在 3mL 乳液中加 1mL 0.5%的 $CaCl_2$ 溶液静置 24～48h，若不分层为合格。

5. 乳液固含量测定

将洁净干燥的培养皿在 115～120℃恒重后，降至室温，准确称重。加入 2g 左右的乳液（准确至 0.0001g），加热 2h 恒重后，降至室温，准确称重。计算乳液的固含量。

固含量计算公式自己推导：

符号表示：G——固含量，%；

m_1——空培养皿质量，g；

m_2——干燥前培养皿和乳液的总质量，g；

m_3——干燥后培养皿和乳液的总质量，g。

6. 乳液成膜性和胶膜吸水率测定

将洁净干燥的载玻片在 80℃恒重后，用玻璃棒将乳液涂覆在载玻片上，室温下成膜，观察成膜性。

在烘箱中烘干后降至室温称重，再将附有涂膜的载玻片置于水中浸泡 24h，取出后用滤纸吸干表面的水分后称量。

涂抹吸水率计算公式自己推导：

符号表示：S—— 涂膜的吸水率，%；

m_0——载玻片的质量，g；

m_1——干燥后的涂膜和载玻片的总质量，g；

m_2——吸水后的涂膜和载玻片的总质量，g。

7. 胶膜耐水性测定

在洁净干燥的载玻片上均匀涂一层乳液，放到烘箱中烘干。在已干透的胶膜上滴 1 滴去离子水，观察胶膜滴水后白浊化的时间（表 2-5）。

表 2-5　乳液性能记录表

序号	乳液检测项目	测试结果
1	外观	
2	稀释稳定性	
3	离心稳定性($4000r \cdot min^{-1}$)	
4	钙离子稳定性	
5	固含量/%	
6	乳液成膜性	
	胶膜吸水率/%	
7	胶膜耐水性/s	

实验 6　丙烯腈阴离子聚合

【实验目的】

了解阴离子型聚合反应的特点，掌握低温聚合的操作方法。

【实验原理】

离子型聚合是合成高聚物的方法之一。它与自由基聚合反应不同，它是借无机引发剂的作用，通过离子反应历程进行的。根据增长活性中心不同，离子型聚合可分为阳离子聚合、阴离子聚合和定向聚合。

离子型聚合对单体结构有更高的选择，具有较强的推电子取代基以及共轭取代基的烯类单体如异丁烯、乙烯基醚类，以及共轭二烯烃，有利于进行阳离子聚合。另外，某些环醚类单体如四氢呋喃也可以进行阳离子聚合。而具有较强的吸电子取代基以及共轭取代基的烯类单体如丙烯腈、甲基丙烯酸甲酯等则有利于进行阴离子聚合。不同的聚合反应对单体的选择性不仅取决于反应前单体的结构，而更重要的是决定于形成的增长活性中心的结构和稳定性。

离子型聚合，对于聚合反应的条件较为敏感，对于试剂的纯度和干燥要求很严格。为了更好地控制反应，通常都是在低温和溶液中及在氮气保护下进行聚合反应的。

本实验是用石油醚为溶剂，以甲醇钠为引发剂，使丙烯腈进行阴离子聚合。其反应机理如下：

链引发反应

$$CH_3ONa + CH_2{=}\underset{CN}{\underset{|}{CH}} \longrightarrow CH_3O{-}CH_2{-}\underset{CN}{\underset{|}{CH^{\ominus}}}Na^{\oplus}$$

链增长反应

$$CH_3O{-}CH_2{-}\underset{CN}{\underset{|}{CH^{\ominus}}}Na^{\oplus} + nCH_2{=}\underset{CN}{\underset{|}{CH}} \longrightarrow CH_3O{+}CH_2{-}\underset{CN}{\underset{|}{CH}}{+}_n CH_2{-}\underset{CN}{\underset{|}{CH^{\ominus}}}Na^{\oplus}$$

链终止反应

$$CH_3O{+}CH_2{-}\underset{CN}{\underset{|}{CH}}{+}_n CH_2{-}\underset{CN}{\underset{|}{CH^{\ominus}}}Na^{\oplus} + HCl \longrightarrow CH_3O{+}CH_2{-}\underset{CN}{\underset{|}{CH}}{+}_n CH_2{-}\underset{CN}{\underset{|}{CH_2}} + NaCl$$

聚合反应的速率决定于单体浓度、引发剂的浓度及反应的温度。聚合物的分子量决定于单体浓度和引发剂的浓度。

【实验仪器和试剂】

四口烧瓶 1 个

回流冷凝管 1 个

电动搅拌器 1 套

恒温水浴 1 套

量筒（10mL、50mL）各 1 个

烧杯（50mL、250mL、500mL）各 1 个

温度计（0～100℃）1 支

锥形瓶 1 个

丙烯腈 10mL

甲醇 25mL

金属钠 2g

盐酸若干

酚酞若干

石油醚（b. p. 30～60℃）20mL

去离子水若干

【实验步骤】

1. 引发剂甲醇钠的制备

量取无水甲醇 25mL，倒入带有回流冷凝管的 125mL 锥形瓶中，开始用水浴加热，待甲醇回流后，称取表面清洁的并用滤纸擦净煤油的金属钠 2g[1]，切成小块，慢慢地从冷凝管上端放入锥形瓶中，加完后继续回流 1h，停止加热，冷却备用。

2. 甲醇钠溶液的标定

用移液管吸取甲醇钠 5mL，放入锥形瓶中，加入两滴酚酞，用已知浓度的盐酸溶液滴定至红色消失。计算甲醇钠溶液的浓度[2]。

3. 聚合

在装有搅拌器、球形冷凝管、滴液漏斗和温度计的250mL四口烧瓶中，加入20mL石油醚（b. p. 30～60℃）和10mL新蒸馏的丙烯腈，开动搅拌器，使瓶内温度冷到－15℃[3]。并保持此温度，然后用移液管吸取2mL甲醇钠溶液于滴液漏斗中滴加，由于反应放热，温度自动上升，此时需设法用冷冻剂控制反应温度，使体系的温度仍保持在－15℃，继续反应45min，加入6mol·L^{-1}盐酸15mL，再搅拌15min，停止反应。将聚合物倒入冰水中，然后过滤聚合物，用水洗，再用少量甲醇洗以除去未反应的单体。再用水洗至中性，最后用少量去离子水洗两次，抽干后，在60℃烘箱中烘干。

【思考题】

1. 有下列单体：

① $CH_2{=}CH-CH_3$　② $CH_2{=}CH-Cl$　③ $CH_2{=}CH-OCOCH_3$　④ $CH_2{=}CH-CR_3$

需采用哪种引发剂才能制得高分子量聚合物？

2. 试计算本实验聚丙烯腈理论分子量。

3. 要制备结构比较规整、分子量比较大的聚丙烯腈，应采用何种聚合方法？

【注释】

[1] 金属钠要用干燥的镊子取出，放在干燥洁净的瓷板上，用干净的小刀切，如表面有黄色物质需切去，动作要快，以免在空气中氧化。

[2] 甲醇钠作引发剂使丙烯腈聚合，其引发剂浓度为2～5mol·L^{-1}。

[3] 冷冻剂可采用干冰-丙酮或冰-氯化钙，其质量比均为1.5∶1。冰块要小些，并需与氯化钙混合均匀。

实验7　四氢呋喃阳离子开环聚合

【实验目的】

1. 通过四氢呋喃阳离子开环聚合，了解阳离子开环聚合反应的机理和反应条件。

2. 制备低分子量的聚四氢呋喃（简称聚醚），其可作为聚醚型聚氨酯的原料和环氧树脂的改性剂。

【实验原理】

四氢呋喃（五元环，环内含O）为五元环的环醚类化合物。其环上氧原子具有未共用电子对，为亲电中心，可与亲电试剂如Lewis酸、含氢酸（如硫酸、高氯酸、醋酸等）发生反应进行阳离子开环聚合。但四氢呋喃为五元环单体，环张力较小，聚合活性较低，反应速率较慢，需在较强的含氢酸引发作用下，才能发生阳离子开环聚合。经实验证明，四氢呋喃在高氯酸引发（醋酸酐存在下）作用下，可合成分子量为1000～3000的聚四氢呋喃。化学反应原理如下。

1. 链引发反应

$$HA + O\langle\begin{matrix}CH_2-CH_2\\ \quad\quad\;|\\ CH_2-CH_2\end{matrix} \longrightarrow H-\overset{\oplus}{O}\langle\begin{matrix}CH_2-CH_2\\ \quad\quad\;|\\ CH_2-CH_2\end{matrix},\ A^{\ominus}$$

$$H-\overset{\oplus}{O}\langle\begin{matrix}CH_2-CH_2\\ \quad\quad\;|\\ CH_2-CH_2\end{matrix},\ A^{\ominus} + \begin{matrix}CH_2-CH_2\\ |\quad\quad\\ CH_2-CH_2\end{matrix}\rangle O \longrightarrow HO(CH_2)_4-\overset{\oplus}{O}\langle\begin{matrix}CH_2-CH_2\\ \quad\quad\;|\\ CH_2-CH_2\end{matrix},\ A^{\ominus}$$

2. 链增长反应

$$HO(CH_2)_4-\overset{\oplus}{O}\langle\begin{matrix}CH_2-CH_2\\ \quad\quad\;|\\ CH_2-CH_2\end{matrix},\ A^{\ominus} + n\,O\langle\begin{matrix}CH_2-CH_2\\ \quad\quad\;|\\ CH_2-CH_2\end{matrix} \longrightarrow H\!\left[O(CH_2)_4\right]_{n+1}\overset{\oplus}{O}\langle\begin{matrix}CH_2-CH_2\\ \quad\quad\;|\\ CH_2-CH_2\end{matrix},\ A^{\ominus}$$

3. 链终止反应

$$H\!\left[O(CH_2)_4\right]_{n+1}-\overset{\oplus}{O}\langle\begin{matrix}CH_2-CH_2\\ \quad\quad\;|\\ CH_2-CH_2\end{matrix},\ A^{\ominus} + H_2O \xrightarrow{NaOH} H\!\left[O(CH_2)_4\right]_{n+2}OH + HA$$

$$HA + NaOH \longrightarrow NaA + H_2O$$

（HA 代表高氯酸 $HClO_4$）

由以上聚合反应过程可知主产物是聚四氢呋喃，副产物是高氯酸钠和醋酸钠。

【实验仪器和试剂】

四口烧瓶 1 个
电动搅拌器 1 套
电热套 1 套
蒸馏装置 1 套
量筒（10mL、50mL）各 1 个
烧杯（50mL、250mL、500mL）各 1 个
温度计（−50～50℃、0～150℃）1 支
分液漏斗 1 个
真空干燥箱 1 个
四氢呋喃 430g
醋酸酐 102g
高氯酸 6.7g
氢氧化钠若干
甲苯 150mL
蒸馏水若干

【实验步骤】

1. 原料用量比

醋酸酐：高氯酸：四氢呋喃：氢氧化钠＝1：0.067：5.9：2.92（摩尔比）＝1.02：6.7：430：116.8（质量比）。

2. 催化剂制备

在装有搅拌器、温度计（−50～＋50℃）、滴液漏斗的 250mL 四口烧瓶中，加入醋酸酐 102g，冷却至−10℃±2℃[1]，在低速搅拌下缓慢滴加高氯酸 6.7g，温度控制在 2℃±2℃，加完高氯酸后再搅拌 5～10min，即制成催化剂（金黄色），放入冰箱中备用。

3. 聚四氢呋喃的合成

在装有搅拌器、温度计（−50～＋50℃）、滴液漏斗的 500mL 四口烧瓶中，加入四氢呋喃 430g，并冷却至−10℃±2℃，在搅拌下加入上述催化剂，温度控制在 2℃±2℃。加完催化剂后再于 2℃±2℃温度下反应 2h（缓慢搅拌），再升温至 10℃±2℃反应 2h，再将体系冷却至 5℃±2℃，滴加 40%的 NaOH 水溶液[2]，使体系 pH 值为 6～8。

换上蒸馏装置，蒸出未反应的四氢呋喃，收集65～67℃的馏分（回收）。再换上回流装置，继续加热，使体系温度保持在116～120℃，强烈搅拌4～5h，反应完毕。当物料温度降至50℃以下时出料，将反应物料倒入1000mL大烧杯中。

4. 聚合物后处理

在反应物料中加入100～150mL甲苯、100mL蒸馏水，并用醋酸酐或氢氧化钠水溶液调整体系的pH值为7～8。将上层物料倒入1000mL分液漏斗中，分去下面水层，用蒸馏水洗涤4～5次（每次加蒸馏水50～100mL）至体系的pH值为7。

再换上蒸馏装置蒸出甲苯-水，收集110.6℃的馏分（回收），即得到端羟基聚四氢呋喃。将聚四氢呋喃至真空干燥箱中温度50～60℃、压力21.3kPa（160mmHg）下干燥脱水3h。最后得到分子量为2000～3000的聚四氢呋喃。

【思考题】

1. 阳离子聚合时，对单体和催化剂有什么要求？

2. 阳离子聚合时，为什么不能有水？为什么需要在低温下进行？

【注释】

[1] 体系的低温控制可采用熔融氯化钙-冰体系，或采用氯化钠-冰体系，根据温度要求二者按一定比例混合，冰块小些，氯化钠多些，体系的温度较低。

[2] 在滴加40%的NaOH时，需注意滴加速率，开始时需慢慢滴加，随着终止反应的进行，反应速率减慢，可以加快滴加速率，但注意不要使体系的温度超过40℃，否则，由于反应剧烈，物料有冲出的危险。

实验8　环氧树脂的制备及性能测试

【实验目的】

1. 通过双酚A型环氧树脂的制备，掌握一般缩聚反应的机理。

2. 了解环氧树脂的固化机理及一般粘接技术。

【实验原理】

凡分子内含有环氧基的树脂统称为环氧树脂。它是一种多品种、多用途的新型合成树脂，且性能很好，对金属、陶瓷、玻璃等许多材料具有优良的粘接能力，所以有万能胶之称，又因为它的电绝缘性能好、体积收缩小、化学稳定性高、机械强度大，所以广泛地用作粘接剂、增强塑料（玻璃钢）电绝缘材料、铸型材料等，在国民经济建设中有很大作用。

双酚A型环氧树脂是环氧树脂中产量最大、使用最广的一个品种，它是由双酚A和环氧氯丙烷在氢氧化钠存在下反应生成的。

从环氧树脂的结构来看，线型环氧树脂的两端带有活泼的环氧基，链中间有羟基，当加入固化剂时，线型高聚物就转变为体型高聚物，一般常用的固化剂有多元胺和酸酐类，如乙二胺、间苯二胺、三亚乙基二胺和邻苯二甲酸酐等。固化反应可在室温或加热下进行。

【实验仪器和试剂】

三口烧瓶 1 个
回流冷凝管 1 个
减压蒸馏装置 1 套
电动搅拌器 1 套
恒温水浴 1 套
分液漏斗 1 个
滴液漏斗 1 个
油浴 1 个
量筒（10mL、50mL）各 1 个
烧杯（50mL）各 1 个
温度计（0～100℃）1 支
移滴管 1 个
玻璃片若干
螺旋夹若干
苯 60mL
环氧氯丙烷若干
双酚 A 若干
氢氧化钠若干
邻苯二甲酸二丁酯若干
乙二胺若干

【实验步骤】

1. 双酚 A 型环氧树脂的制备

将 12g 双酚 A 和 14g 环氧氯丙烷依次加入装有搅拌器、滴液漏斗和温度计的 250mL 三口烧瓶中。用水浴加热，并开动搅拌器，使双酚 A 完全溶解，当温度升至 55℃时，开始滴加 20mL 20%的 NaOH 溶液（滴加速率要慢），约 0.5h 滴加完毕。此时温度不断升高，必要时可用冷水冷却，保持反应温度 55～60℃滴加完毕后，继续保持 55～60℃，反应 3h。此时溶液呈乳黄色。直接在前面反应制备的乳黄色的溶液中接入苯 30mL，搅拌，使树脂溶解后移入分液漏斗，静置后分去水层，再用水洗两次，将上层苯溶液倒入加压蒸馏装置中。

2. 环氧树脂的提纯

将上述减压蒸馏装置中的混合物先在常压下蒸去苯，然后在减压下蒸馏以除去所有挥发物，直到油浴的温度达到 130℃而没有馏出物时为止，趁热将树脂倒出，冷却后得琥珀色透明黏稠的环氧树脂。

3. 粘接技术

将玻璃片用铬酸洗液浸泡 10～15min，洗干后烘干，称取 5g 环氧树脂，加入 2～3 滴邻苯二甲酸二丁酯和一定量的（按过量 10%计算）乙二胺于小烧杯中，用玻璃棒搅匀后，在玻璃片上涂一薄层，然后将玻璃片用螺旋夹夹紧，在室温下放置 48h 后，在 105℃烘箱内烘 1h 或 40～80℃烘箱中烘 3h，用于测试粘接强度。

【思考题】

1. 写出双酚 A 型环氧树脂制备过程的化学反应式。
2. 用反应方程式表述环氧树脂的固化反应机理（固化剂用乙二胺）。

实验 9　聚醚型聚氨酯弹性体的合成

【实验目的】

1. 了解聚氨酯的合成方法。

2. 学习改变、调节嵌段共聚物的嵌段，组合成有不同性能的嵌段共聚物。

【实验原理】

所谓聚氨酯是指在聚合物链上反复出现氨基甲酸酯基团$\left(\begin{array}{c} \text{H} \quad \text{O} \\ | \quad\quad \| \\ \text{—N—C—O—} \end{array}\right)$的高分子化合物，用这种聚合物制成的材料具有高弹性、高韧性、高强度、耐低温、耐油性、耐磨的特性，有耐磨王之称，特别是在低温条件下能保持高弹性，是其他塑料制品所不能比拟的。

聚氨酯是由二异氰酸酯与末端基含有活泼氢的化合物反应，生成含有游离的异氰酸根的预聚物，再经扩链制得的。如果末端基含有活泼氢的化合物是低分子量(1000～2000)的聚醚或聚酯，可以使聚合物链有一定的柔性。聚氨酯可以写成结构为 AB 型多段共聚物。其中 A 为聚醚或聚酯的软段，B 为异氰酸根与低分子量的扩链剂二元醇或二元胺反应而成的链节，为硬段。改变软段的类型，如采用聚醚二醇制得的聚氨酯比用聚酯二醇制得的聚氨酯有更好的抗水解性，但抗氧性差些。硬段 B 能使大分子之间的作用力增强，内聚能增大，能提高聚合物的强度。采用不同的二异氰酸酯及扩链剂都可以改变极性基团的性质，使聚合物的机械强度发生变化。

合成聚氨酯的反应属于逐步加成聚合反应。它不能像聚酰胺那样采用熔融聚合，因为在熔点以上聚氨酯发生分解。这给聚氨酯的生产带来了困难。到了 20 世纪 50 年代，人们发现聚氨酯可溶于 N,N-二甲基甲酰胺（DMF）或二甲基亚砜（DMSO）中，这样就可采用溶液聚合方法合成聚氨酯，使聚氨酯的应用大为发展。

聚氨酯除可制成橡胶外，还可制成弹性纤维（Spandex）。用于制纤维的聚氨酯在合成时扩链剂宜采用二元胺而不是二元醇。聚氨酯还有许多其他用途，它可以制成黏合剂、涂料、人造器官等。

本实验用分子量为 900 的端羟基聚四氢呋喃（PTMG）与 4,4′-二苯甲烷二异氰酸酯（MDI）反应，再用 1,4-丁二醇扩链，用 DMF 为溶剂合成聚氨酯弹性体。反应简式：

$$2n\text{OCN—R—NCO} + n\text{HO—R}'\text{—OH} \longrightarrow \text{OCN}\!\leftarrow\!\text{RNHCOOR}'\text{OOCNHR}\!\rightarrow_{n}\!\text{NCO}$$

$$m\text{OCN}\!\leftarrow\!\text{RNHCOOR}'\text{OOCNHR}\!\rightarrow_{n}\!\text{NCO} + m\text{HOR}''\text{OH} \longrightarrow \underset{\substack{\| \\ \text{O}}}{\text{—CNH}}\!\left[\!\leftarrow\!\text{RNHCOOR}'\text{OOCNHR}\!\rightarrow_{n}\!\text{NHCOOR}''\right]_{m}\!\text{OH}$$

【实验仪器和试剂】

三口烧瓶 1 个	量筒(10mL、50mL)各 1 个
回流冷凝管 1 个	烧杯(50mL、250mL、500mL)各 1 个
电动搅拌器 1 套	端羟基聚四氢呋喃(PTMG)30g
密闭式搅拌器 1 个	二苯基甲烷二异氰酸酯(MDI)16.7g
电热套 1 套	1,4-丁二醇 2.4g
滴液漏斗 1 个	纯氮（99.99%）若干
干燥箱 1 个	N,N-二甲基甲酰胺（DMF）50mL
温度计(0～100℃)1 支	2,6-二叔丁基对甲酚（BHT）0.5g

【实验步骤】

在 250mL 三口烧瓶上，一口装密闭式搅拌器[1]，一口装带有干燥管的回流冷凝管，另一口塞上磨口塞。仪器装好后由搅拌器侧管通入氮气，在通氮的情况下用电吹风烘烤烧瓶10min，以赶出烧瓶内的水汽[2]。待烧瓶温度降至近室温后加入 16.7g MDI，升温至 60℃，这时 MDI 熔化，滴入 30g PTMG[3]。PTMG 在室温下为蜡状，放入滴液漏斗后用电吹风加热使其熔化，滴完后用少量溶剂冲洗干净[4]。在 60℃下反应 1h，再加入溶有 2.4 g1,4-丁二醇[5]的 45mL DMF，升温至 80℃反应 3h，到反应后期如果反应物很黏，可根据具体情况补加一些 DMF，结束反应时加入溶有 0.5g BHT 的 5mL DMF。搅拌均匀后把反应物倒入一个事先做好的模具上。模具是一个长、宽分别为 15cm 和 12cm 的玻璃板，周围粘上较硬的纸条，溶液层厚度为 4～5mm，趁热将模具放入真空干燥箱中，用真空泵抽空，以排除溶液内的气泡。气泡排净后拿出来晾干[6]。然后放入带有鼓风的烘箱内于 80℃烘 24h。再放入真空干燥箱于 70℃烘 24h。做拉力实验，室温下伸长率可达 200%。

【思考题】

1. 在合成聚氨酯过程中，如反应体系进水，会发生哪些反应，写出反应方程式。

2. 按本实验用的原料，写出合成聚醚型聚氨酯有关的化学反应方程式。

【注释】

[1] 密闭式搅拌器是一种带有磨口，用不锈钢制成的搅拌器。搅拌器有 3 个出口，2 个用来通冷却水，可供在高温下使用，1 个用来通气。

[2] MDI 与水反应生成脲，脲再进一步和异氰酸酯反应产生交联结构，影响产物的性能，所以一定要把水除净。

[3] PTMG 使用前要在真空烘箱内于 70℃下烘 24h。

[4] 冲洗剩余 PTMG 用的溶剂要尽量少，不要超过 10mL。PTMG 一定要冲净，以保证反应物的摩尔比。

[5] 1,4-丁二醇也要经过除水处理，方法是在 1,4-丁二醇中加入少量的金属钠，轻微加热，等钠全部反应掉后进行减压蒸馏，收集 107～108℃/533.29Pa（4mmHg）的馏分。

[6] 反应混合物内含有大量的溶剂，成膜需要很长时间，学生做完实验后，可把模子放在自己的箱子内 1～2 个星期，当溶剂基本挥发净后再放入烘箱中处理。

实验 10　聚醚型聚氨酯泡沫塑料的制备

【实验目的】

了解泡沫塑料的制备方法。

【实验原理】

泡沫塑料在日常生活、工农业生产及军事上有广泛用途。聚氨酯的耐低温特性也使得聚氨酯泡沫塑料具有特殊的用途，输送液化天然气的油船和管道的绝热材料，其使用温度要求是－160℃，采用的就是聚氨酯泡沫塑料。美国阿波罗计划中二级火箭所用液态氢的贮槽的保温材料就是玻璃纤维增强的超低温聚氨酯泡沫塑料，要求使用温度是－217℃。

泡沫塑料是聚氨酯合成材料的主要品种，它是由多元异氰酸酯和端羟基聚醚或聚酯反应并加入其他一些助剂制得的。调节这些组分的种类、官能度及数量就可以制得软质、硬质及半硬质泡沫塑料。泡沫塑料的孔结构由发泡过程获得，这个过程在制备泡沫塑料的工艺上是非常关键的。方法是调节发泡速率和聚合速率相协调，发泡时就发生聚合反应，体系黏度迅速增加并固化，这样产生的气泡就被控制在聚合体内，从而获得泡沫塑料。

发泡机理是由异氰酸酯和水反应产生 CO_2，或者加入低沸点溶剂利用聚合热发泡，或者这两种情况兼而有之。

异氰酸酯与端羟基聚醚的反应参看实验 9。异氰酸酯与水反应先生成氨基甲酸再放出 CO_2。

$$\mathrm{RNCO+H_2O \longrightarrow RNHCOOH \longrightarrow RNH_2+CO_2}$$

制备泡沫塑料的配方中有这样一些成分，如端羟基聚醚、甲苯二异氰酸酯、催化剂、泡沫稳定剂、防老剂、低沸点溶剂，它们的作用如下。

端羟基聚醚与二异氰酸酯反应生成聚氨酯，构成泡沫塑料的主体。

甲苯二异氰酸酯主要有三个作用：①与聚醚反应生成聚氨酯；②与水作用生成 CO_2，并生成脲［～RNHCONHR～］的中间体；③与水解生成的脲反应，使聚合物发生交联。

催化剂：加速异氰酸酯、聚醚、水之间的反应。使用适量的催化剂可使 CO_2 产生的速率与泡沫体的凝固速率维持平衡。使气体有效地保留在聚合体内，常用的催化剂为二月桂酸二丁基锡、三亚乙基二胺及其他叔胺类化合物。

泡沫稳定剂：非离子型表面活性剂，能降低系统的表面张力，有利于气泡的形成，防止泡沫崩塌。它可作为水、聚醚、甲苯二异氰酸酯的乳化剂，使其成为均相的混合物，保证整个泡沫生成反应均匀地进行。用量一般不超过原料总质量的 2%。

防老剂：提高泡沫塑料的抗氧化性。

低沸点溶剂：现在用得较多的是二氯甲烷，可以调节泡沫稳定剂等组分的黏度，同时又有辅助发泡的作用。

【实验仪器和试剂】

烧杯 1 个
玻璃棒 1 个
自制纸盒 1 个
硅油 0.2g
十二烷基磺酸钠 0.2g
甲苯二异氰酸酯(TDI)18g
聚乙二醇辛基苯基醚(OP)0.5g
端羟基聚四氢呋喃(PTMG,羟值 70)450g
三亚乙基二胺(DABCO)0.2g
四氢呋喃(THF)0.5mL

【实验步骤】

在 25mL 小烧杯内配制助剂混合物。先后称入 0.5gOP、0.2g 硅油、0.2g 十二烷基磺酸钠[1]，用移液管加入 0.5mL THF 和 1.5mL 水，搅拌均匀。十二烷基磺酸钠体积大且水量小，不容易搅拌，时间搅拌一定要长，然后加入 0.2g DABCO，搅匀备用。

在一个 250mL 烧杯内称入 45g PTMG，加热熔化降至室温[2]，加入 18g TDI，在 0.5min 内搅拌均匀。在刚配好的助剂混合物内再加入 0.5mL THF[3]，搅拌均匀后立即倒入大烧杯内，迅速搅拌均匀，立刻倒入自制的纸盒内[4]进行发泡。发泡反应速率很高，在 1min 内即可完成，观察黏度变化，不要用手摸[5]，要用一个小玻璃棒测试。5min 后基本不黏，10min 后就完全不黏，20min 后就基本固化，泡沫塑料体积约 600mL。

【思考题】

1. 考查配方中各反应物量的关系。

2. 如果改做硬质泡沫塑料，如何设计配方？

【注释】

[1] 这几种药品的量都很少，称量一定要准确。

[2] 冬天室温较低，降至室温可能会发生凝固，所以要在未凝固前加入 TDI，温度一定不要高，否则反应速率太快，无法控制。

[3] 第一次加入的 THF 在搅拌过程中会有损失，助剂混合物变黏，如果助剂混合物不黏，能比较容易地从小烧杯倒出来，就不要补加 THF。补加 THF 和二氯甲烷都可以，主要是为了调节助剂混合物的黏度。加入量不要大，否则影响聚合物黏度，控制不住气泡，加入 THF 的速度要快，因为 PTMG 与 TDI 会发生反应。

[4] 反应混合物倒入纸盒前的操作要快，助剂混合物倒入大烧杯后就要迅速搅拌。这时小烧杯上可能还黏有少量助剂混合物，可不去管它，不要为此耽误时间。在搅拌过程中就可能发生聚合，发现有聚合现象后，立即把混合物倒入纸盒，如果操作得好，可以在没有出现聚合或刚刚出现聚合时，就把混合物倒入纸盒内。用一张比较硬的纸自己做纸盒，体积为 800～1000mL。

[5] 在没有完全固化前，反应物中还有游离的 TDI，所以不要用手去测试黏度。

实验 11　己内酰胺的封管聚合及端基测定

【实验目的】

1. 通过己内酰胺封管聚合，了解开环逐步聚合反应的机理和聚合方法。

2. 学会己内酰胺的制备方法。

【实验原理】

开环聚合绝大部分是属于连锁聚合，只有少数的开环聚合属于逐步聚合反应类型，开环聚合的反应机理随引发剂的不同而有很大差别。

己内酰胺具有不稳定的七元环结构，因此，在高温和催化剂作用下，可以开环聚合成线型高分子，通常称为尼龙-6，我国曾称为锦纶-6，它可以做纤维，也可以做塑料。

己内酰胺的开环聚合是目前工业生产中最大的开环聚合品种，它的聚合机理随引发方式不同而不同。聚合反应的催化剂，除了常用的水之外，还有有机酸、碱及金属锂、钠等。采用不同的催化剂，聚合机理不同，从而聚合速率和所得的聚合物结构也就不同。用水作催化剂时，通常得到分子量为 10000～40000 的线型高聚物。

以水为催化剂的聚合反应方程式如下：

$$\begin{array}{c} CH_2-CH_2 \\ H_2C \quad\quad C=O \\ CH_2-CH_2 \quad N-H \end{array} \underset{}{\overset{H_2O}{\rightleftharpoons}} HO-\overset{O}{\overset{\|}{C}}-(CH_2)_5NH_2 \xrightarrow{\text{己内酰胺}} HO-\overset{O}{\overset{\|}{C}}-(CH_2)_5\overset{H}{\overset{|}{N}}-\overset{O}{\overset{\|}{C}}(CH_2)_5-NH_2$$

$$\xrightarrow{n\ \text{己内酰胺}} HO\!\!\left[\overset{O}{\overset{\|}{C}}-(CH_2)_5-\overset{H}{\overset{|}{N}}\right]_{n+2}\!\!H$$

【实验仪器和试剂】

聚合封管 1 个
滴管 1 个
漏斗 1 个
两孔活塞 1 个
抽真空装置 1 套
管式炉 1 个
镊子 1 把
己内酰胺 3g
氮气若干

【实验步骤】

1. 聚合物的制备

称取 3g 己内酰胺用加料漏斗加入事先洗净的封管内，如图 2-1 所示。然后用滴管加入 3～4 滴（单体质量的 1%）蒸馏水，取下漏斗。把用来通氮及抽真空的两孔活塞接在封管口上（见图 2-2），打开抽真空管活塞，关闭通氮管活塞，然后将封管抽真空 4～5min，关好真空活塞，打开通氮活塞，此时氮气立即充满封管，再关闭通氮管活塞，将封管抽空 4～5min，再充氮，如此反复 3～4 次。最后将充满氮气的封管小心封口，将封管放入管式炉内，并将炉温在 1h 内升温到 250℃，保持 2～3h，反应完毕后停止加热，当炉温降到 150℃时，用镊子将封管小心取出，使其继续冷却至室温，然后将封管小心打开，取出聚合物。

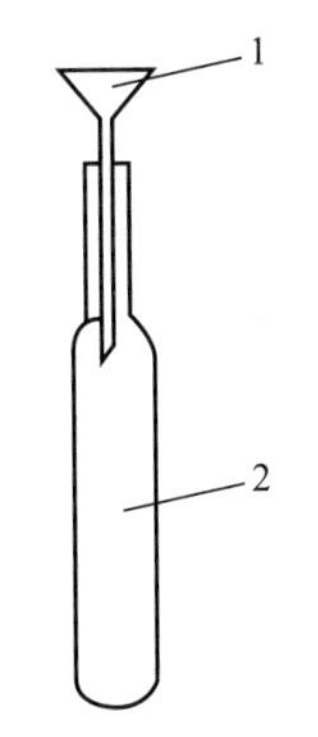

图 2-1 封管加料

1—漏斗；2—封管

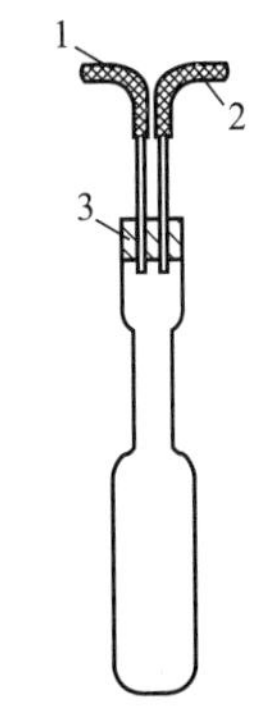

图 2-2 封管脱气处理

1—通氮气；2—接真空泵；3—两孔活塞

2. 封管操作

在实验室中常使用金属制的高压釜进行高压反应。但在小量操作中（如小于 50mL 液体或几十克固体），更常用厚壁硬质玻璃封（闭）管，文献上称作 Carius 管或聚合管等。

要求壁厚均匀，无结疤、裂纹等缺陷。

（1）清洗　封管在使用之前，需经碱洗、水洗和蒸馏水洗涤，并在烘箱中烘干。

（2）装料　常温下是气体的原料，可直接把浸在冷冻剂内的封管与原料容器相连接，或用蒸馏的方法加料，借封管上事先做好的记号计算体积来定投料量（也可用称重法）。至于液体或固体的原料，可以用长颈漏斗加料，其目的在于不使药品沾污封管的颈部，以免熔封时碳化，影响封口的质量。

（3）脱气（或使用保护气体）　为了避免空气和湿汽对反应的影响，往往在封管封闭前要作脱气或用惰性气体如纯氮置换管中空气。

对于极易挥发的原料，一般来说，应让封管浸在冷冻剂中，接上三通活塞。三通活塞的另两个通路，一个接真空泵，另一个接保护气体瓶，轮番抽空和置换保护气体数次。关闭活塞，然后进行封闭。

（4）封闭手续　调节煤气喷灯，先用大而温度不高的黄色火焰加热封管的颈部，并转动封管使受热均匀。至刚呈现钠的黄色火焰时，开大喷灯的空气阀，用高温的氧化焰把颈部端软化熔融，最后粘在一起，慢慢拉去末端。封闭这一动作不能过快，否则封闭的尖端处太薄，不安全。然后再调小喷灯的空气阀，用黄色火焰退火，消除封端玻璃的内应力。慢慢放冷（不要吹风），其后把封管装入防护套中，放入加热炉反应。

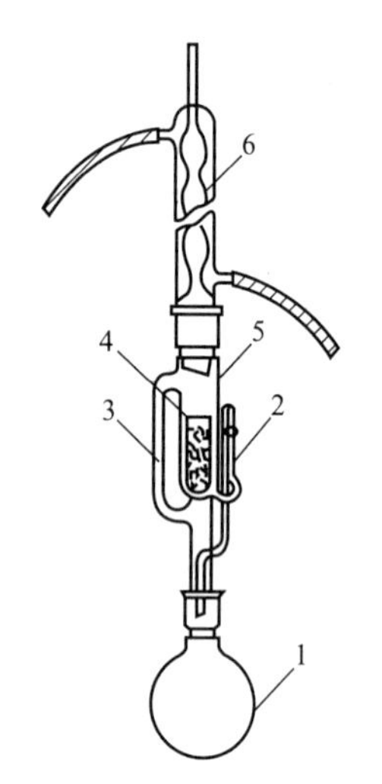

图 2-3　索氏提取器

1—烧瓶；2—虹吸管；3—侧管；4—滤纸筒；5—提取器；6—冷凝管

（5）启封　封管受热之后，因内容物的汽化或膨胀，内压很大，像是一个很不安全的炸弹，因此把它从加热炉中取出时应装在防护套中放冷。操作者戴好手套，用有机玻璃挡板保护好身体和面部，然后把封管尖嘴部抽出防护套。用煤气喷灯高温小尖焰对准封管尖端烧，当玻璃软化时，管中过剩的压力将管吹破。之后的操作就是一般玻璃工操作了。

3. 端基法测分子量

将合成的聚合物用索氏提取器（见图 2-3）将其中未反应的单体用乙醇萃取 3～4h，然后将聚合物在 70～80℃的烘箱中烘干。

将烘干的聚合物在研钵里捣碎，取出一部分放在称量瓶内，继续烘干到恒重，然后取 0.2～0.3g 样品放入 100mL 锥形瓶内，再加入 15mL 苯酚-甲醇混合溶剂（70∶30 质量比），装上回流装置，在电炉上加热回流至样品全部溶解后再继续回流 2min，停止加热。冷却后，取下锥形瓶加入 1 滴麝香草酚蓝指示剂（不能多加，否则影响观察滴定终点），然后用 0.02mol·L^{-1}的盐酸标准溶液滴定至粉红色，即为终点。依同法再做两个样品。

聚合物的数均分子量$\overline{M}_n$按下式计算：

$$\overline{M}_n=\frac{m\times 1000}{c_{\mathrm{HCl}}V} \tag{2-7}$$

式中　m——样品质量，g；

c_{HCl}——盐酸标准溶液的浓度，mol·L^{-1}；

V——样品滴定时所消耗的盐酸标准溶液的体积，mL。

【思考题】

1. 什么叫开环聚合？以水为催化剂的己内酰胺开环聚合的机理如何？除水之外，还有哪些试剂可作为己内酰胺开环聚合的催化剂？

2. 端基滴定数据与聚合物数均分子量的关系如何？

3. 请简述缩聚反应、逐步加聚反应和自由基聚合反应的特点。

实验 12 聚醋酸乙烯酯及其衍生物的制备

Ⅰ 聚醋酸乙烯酯的制备

【实验目的】

通过学习醋酸乙烯酯溶液聚合，增强对溶液聚合的感性认识，进一步掌握溶液聚合的反应特点。

【实验基本原理及特点】

溶液聚合是单体、引发剂在适当的溶剂中进行的聚合反应。根据聚合物在溶剂中溶解与否，溶液聚合又分为均相溶液聚合和非均相溶液聚合（沉淀聚合）。自由基聚合、离子聚合和缩聚反应均可采用溶液聚合。

溶液聚合的一个突出特点就是在聚合过程中存在链转移问题。高分子链自由基向溶剂分子的链转移可在不同程度上使产物的分子量降低。聚合温度也很重要，随着温度的升高，反应速率要加快，分子量要降低。当其他条件固定时，随着温度升高，链转移反应速率也要增加，所以选择合适的温度，对保证聚合物的质量是很有意义的。

单体转化率对分子量及分子量分布也有一定影响，因为随着转化率的不同，影响分子量的因素，如引发剂、单体、溶剂及生成的大分子等的浓度均发生了变化，所以在不同时间内，生成的高聚物分子量也不同。转化率越高，分子量分布也就越宽。

在溶剂浓度较小的醋酸乙烯酯聚合反应中，一般随转化率增加，反应速率逐渐增加。这说明有自动加速现象存在。当转化率达50%左右时，反应速率开始急剧下降。在这种条件下，要达到高转化率，聚合时间就要加长。因此，在工业生产中，转化率一般控制在50%左右。

【实验仪器和试剂】

三口烧瓶 1 个
回流冷凝管 1 个
电动搅拌器 1 套
恒温水浴 1 套
量筒（10mL）1 个
烧杯（50mL、250mL）各 1 个
温度计（0～100℃）1 支
醋酸乙烯酯 30mL
偶氮二异丁腈若干
甲醇 30mL

【实验步骤】

1. 在装有搅拌器、回流冷凝管、温度计的干燥洁净的250mL三口烧瓶中依次加入新精制过的醋酸乙烯酯20mL（VAC，相对密度为0.9342）、0.04g偶氮二异丁腈和10mL甲醇（相对密度为0.7928），在搅拌下水浴加热（为了便于观察，用1000mL大烧杯做水浴），使其回流（水浴温度控制在70℃），反应温度控制在65℃。

2. 当反应物变黏稠时加入20mL甲醇，使反应瓶中反应物稀释，冷却到室温。

【思考题】

1. 试以醋酸乙烯酯溶液聚合为例，说明溶液聚合的特点，并分析影响溶液聚合反应的因素。

2. 写出合成聚醋酸乙烯酯的化学反应式。

Ⅱ 聚醋酸乙烯酯的醇解

【实验目的】

掌握聚乙烯醇制备的一般方法和高分子反应的基本原理。

【实验基本原理】

由于“乙烯醇”极不稳定，极易异构化而生成乙醛或环氧乙烷，所以聚乙烯醇（PVA）不能由“乙烯醇”来聚合，通常都是将聚醋酸乙烯酯醇解后得到聚乙烯醇。聚乙烯醇的醇解可以在酸性或碱性条件下进行。酸性醇解时，残留的酸可加速PVA的脱水作用，使产物变黄或不溶于水。目前，工业上都采用碱性醇解法。本实验用甲醇为醇解剂，NaOH为催化剂。一般，NaOH/PVA的摩尔比为0.12。

由于PVAc可溶于甲醇而PVA不溶于甲醇，因此在反应过程中会发生形变。在实验室中醇解进行的好坏的关键在于，体系中刚出现胶冻时，必须强烈搅拌将其打碎，才能保证醇解较完全地进行。

【实验仪器和试剂】

三口烧瓶1个	烧杯（50mL、250mL）各1个
回流冷凝管1个	温度计（0～100℃）1支
电动搅拌器1套	聚醋酸乙烯酯若干
恒温水浴1套	甲醇若干
量筒（10mL）1个	NaOH若干

【实验步骤】

1. 将聚醋酸乙烯酯溶液升温至30℃，加入2mL 5%的NaOH-甲醇溶液，控制反应温度在45℃。当醇解度达60%左右时，大分子从溶解状态变为不溶状态，出现胶团。此时立即强烈打碎。

2. 出现胶团后再继续反应0.5h，打碎胶冻，再加入2mL NaOH-甲醇溶液，仍控制反应温度在45℃，反应0.5h。升温至65℃，反应1h。

3. 冷却，将反应液倒出，抽滤。用甲醇仔细洗涤，烘干。

【思考题】

1. 写出醇解反应式。

2. 为什么会出现胶冻现象？对实验结果有何影响？

Ⅲ 聚乙烯醇缩甲醛(胶水)的制备

【实验目的】

了解聚乙烯醇缩甲醛化学反应的原理，并制备胶水。

【实验原理】

聚乙烯醇缩甲醛是利用聚乙烯醇与甲醛在盐酸催化作用下而制得的。

聚乙烯醇是水溶性的高聚物，如果用甲醛将它进行部分缩醛化，随着缩醛度的增加，水溶性变差，作为维尼纶纤维用的聚乙烯醇缩甲醛，其缩醛度控制在35%左右，它不溶于水，是性能优良的合成纤维。

本实验是合成水溶性的聚乙烯醇缩甲醛。反应过程中需要控制较低的缩醛度，以保持产物的水溶性，若反应过于剧烈，则会造成局部缩醛度过高，导致不溶于水的物质存在，影响胶水质量。因此在反应过程中，特别注意要严格控制催化剂用量、反应温度、反应时间及反应物比例等因素。

聚乙烯醇缩甲醛随缩醛化程度的不同，其性质和用途各有所不同，它能溶于甲酸、乙酸、二氧六环、氯化烃（二氯乙烷、氯仿、二氯甲烷）、乙醇-甲苯混合物（30∶70）、乙醇-甲苯混合物（40∶60）以及60%的含水乙醇中。缩醛度为75%～85%的聚乙烯醇缩甲醛，其主要用途是制造绝缘漆和黏合剂。

【实验仪器和试剂】

三口烧瓶1个	甲醛（37%～40%）4～6mL
电动搅拌器1套	盐酸若干
温度计1支	氢氧化钠若干
恒温水浴1套	去离子水（或蒸馏水）若干
聚乙烯醇若干	

【操作步骤】

1. 在250mL三口烧瓶中加入90mL去离子水（或蒸馏水）、7g聚乙烯醇，在搅拌下升温溶解。

2. 聚乙烯醇完全溶解后，于90℃左右加入4.5mL甲醛（40%工业纯），搅拌15min，再加入1∶4盐酸，使溶液pH值为1～3。保持反应温度90℃左右。

3. 反应体系逐渐变稠，当体系中出现气泡或有絮状物产生时，立即迅速加入1.5mL8%的NaOH溶液，同时加入35mL去离子水（或蒸馏水）。调节体系的pH值为8～9。然后冷却降温出料，获得无色透明的黏稠液体（即市售胶水）。

【思考题】

1. 写出缩醛化反应的化学反应式。

2. 为什么缩醛度增加，水溶性下降，当达到一定的缩醛度以后，产物完全不溶于水？

实验13 有机玻璃的解聚

【实验目的】

1. 通过有机玻璃的热裂解，了解高聚物解聚反应。

2. 通过甲基丙烯酸甲酯的精制，进一步巩固有机实验基本操作。

【实验原理】

裂解反应是指在化学试剂（水、酸、碱、氧等）或在物理因素（热、光、电离、辐射、机械性能等）的影响下，高聚物的分子链发生断裂，而使裂合物分子量降低，或者使分子链结构发生变化的化学反应。聚合物的热稳定性、裂解速率以及所形成的产物的特性是和聚合物的化学结构密切相关的。一系列实验结果表明：凡含有季碳原子，且不含有在受热时易发生化学变化的基团的聚合物在裂解时较易析出单体，聚合物受热时析出单体的裂解反应叫作解聚反应。

聚甲基丙烯酸甲酯的结构式

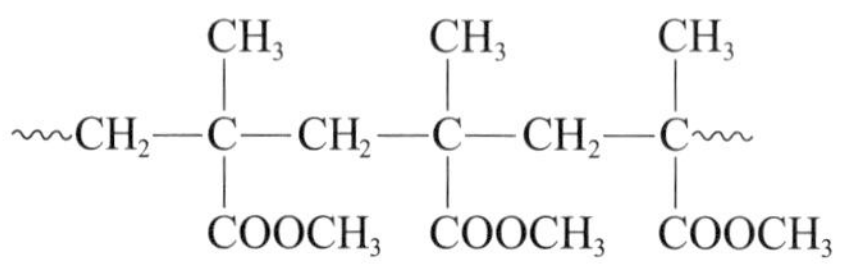

$$\sim CH_2-\underset{\underset{COOCH_3}{|}}{\overset{\overset{CH_3}{|}}{C}}-CH_2-\underset{\underset{COOCH_3}{|}}{\overset{\overset{CH_3}{|}}{C}}-CH_2-\underset{\underset{COOCH_3}{|}}{\overset{\overset{CH_3}{|}}{C}}\sim$$

可以看出：长链分子上的碳原子为季碳原子（有机化学上把与四个碳原子相连的那个碳原子称为季碳原子），在加热时容易发生解聚反应，其解聚过程是按自由基反应机理进行的。

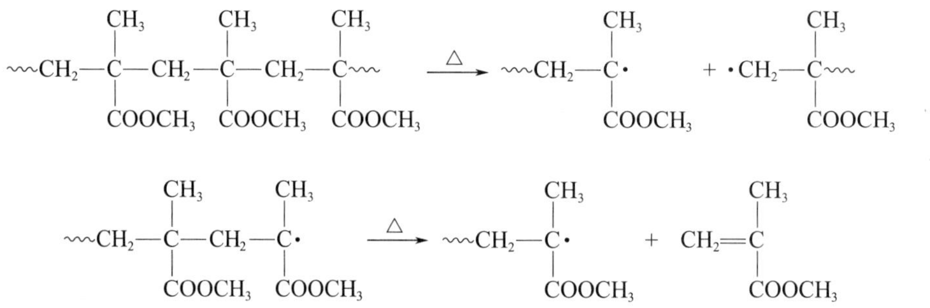

$$\sim CH_2-\underset{\underset{COOCH_3}{|}}{\overset{\overset{CH_3}{|}}{C}}-CH_2-\underset{\underset{COOCH_3}{|}}{\overset{\overset{CH_3}{|}}{C}}-CH_2-\underset{\underset{COOCH_3}{|}}{\overset{\overset{CH_3}{|}}{C}}\sim \xrightarrow{\triangle} \sim CH_2-\underset{\underset{COOCH_3}{|}}{\overset{\overset{CH_3}{|}}{C}}\cdot \quad + \cdot CH_2-\underset{\underset{COOCH_3}{|}}{\overset{\overset{CH_3}{|}}{C}}\sim$$

$$\sim CH_2-\underset{\underset{COOCH_3}{|}}{\overset{\overset{CH_3}{|}}{C}}-CH_2-\underset{\underset{COOCH_3}{|}}{\overset{\overset{CH_3}{|}}{C}}\cdot \xrightarrow{\triangle} \sim CH_2-\underset{\underset{COOCH_3}{|}}{\overset{\overset{CH_3}{|}}{C}}\cdot \quad + \quad CH_2=\underset{\underset{COOCH_3}{|}}{\overset{\overset{CH_3}{|}}{C}}$$

高聚物解聚的程度主要取决于大分子的结构，通常在分子中含有季碳原子时，可以获得较高收率的单体分子，若季碳原子变为叔碳原子时，则收率就很低，例如：

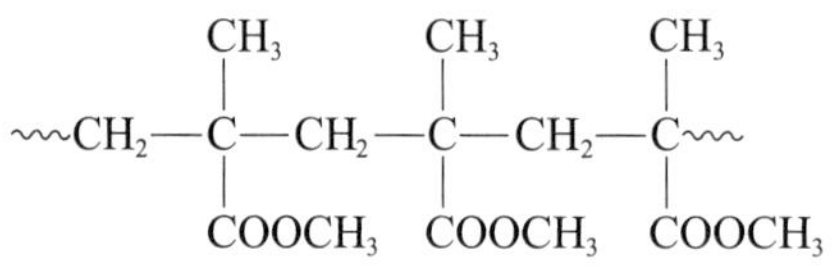

$$\sim CH_2-\underset{\underset{COOCH_3}{|}}{\overset{\overset{CH_3}{|}}{C}}-CH_2-\underset{\underset{COOCH_3}{|}}{\overset{\overset{CH_3}{|}}{C}}-CH_2-\underset{\underset{COOCH_3}{|}}{\overset{\overset{CH_3}{|}}{C}}\sim \qquad \text{解聚时单体收率}>90\%$$

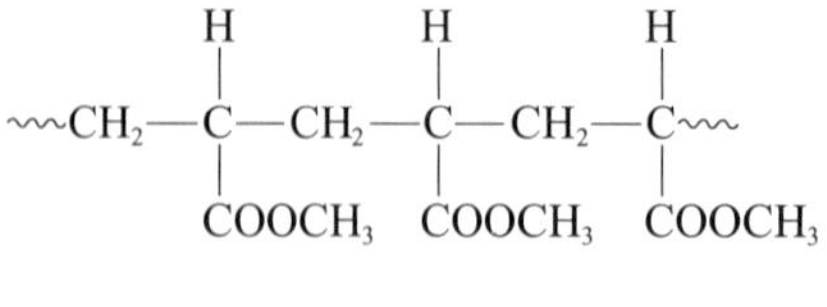

$$\sim CH_2-\underset{\underset{COOCH_3}{|}}{\overset{\overset{H}{|}}{C}}-CH_2-\underset{\underset{COOCH_3}{|}}{\overset{\overset{H}{|}}{C}}-CH_2-\underset{\underset{COOCH_3}{|}}{\overset{\overset{H}{|}}{C}}\sim \qquad \text{解聚时单体收率}\approx 1\%$$

有机玻璃——聚甲基丙烯酸甲酯解聚的主要产物是甲基丙烯酸甲酯，其收率大于90%。此外还有少量的低聚物、甲基丙烯酸及其他杂质。如有机玻璃中含有邻苯二甲酸二丁酯，经裂解后就分解为邻苯二甲酸酐、丁烯及丁醇等杂质。同时部分的邻苯二甲酸二丁酯也会随着单体一同挥发出来，因而解聚后的产物还需经过水蒸气蒸馏、洗涤、干燥和精馏后才能供聚合使用。

【实验仪器和试剂】

圆底烧瓶 1 个

花盆式电炉 1 个

空气冷凝管 1 个

直形冷凝管 1 个

温度计（约 400℃）1 支

长颈圆底烧瓶 1 个

水蒸气蒸馏装置 1 套

减压蒸馏装置 1 套

有机玻璃边角料若干

硫酸若干

【实验步骤】

1. 有机玻璃的解聚

称取 150g 有机玻璃边角料放入 500mL 短颈圆底烧瓶中，在花盆式电炉内加热至 200～350℃进行解聚，蒸出物通过空气冷凝管和直形水冷凝管冷却，接收在长颈圆底烧瓶中，解聚温度控制在馏出物逐滴流出为宜，过快或过慢都不利。解聚完毕，称量粗馏物，计算粗单体收率，并进行精制。

2. 单体的精制

(1) 水蒸气蒸馏、洗涤及干燥

水蒸气蒸馏的目的：水蒸气蒸馏是分离和纯化有机化合物常用的方法，有机玻璃的裂解产物除了单体外，还有低聚体及其他杂质，如果直接精馏，会使精馏瓶中温度过高，造成精馏过程中产物聚合，影响单体质量及产量。因此，在精馏前，首先用水蒸气蒸馏，进行初步分离，以除去高沸点杂质。

水蒸气蒸馏装置操作注意事项请参看有机化学实验中有关部分。

粗单体精制的操作步骤：

按水蒸气蒸馏装置装好仪器，进行水蒸气蒸馏，收集馏出液不含油珠时停止，将馏出物用 H_2SO_4 洗两次（H_2SO_4 用量为单体量的 3%～5%），洗去粗单体中的不饱和烃类和醇类等杂质。然后用水洗两次除去大部分酸，再用饱和 Na_2CO_3 溶液洗一次，进一步洗去酸类杂质。最后用饱和食盐水洗至单体呈中性，用无水硫酸镁干燥，放置过夜，以备进一步精制。

(2) 减压蒸馏

将上述干燥后的单体用减压蒸馏法进行精制，收集沸点 46～47℃/13065.56～1333.22Pa（98～100mmHg）范围内的产品，计算产量及产率，测其折射率，产品留待聚合用（放置冰箱内贮存）。

【思考题】

1. 聚甲基丙烯酸甲酯热裂解反应机理如何？热裂解粗产品含哪些组分？

2. 裂解温度的高低及裂解温度对产品质量有什么影响？

3. 画出裂解反应装置图，并说明为什么采用这样的装置，这样的装置还可以做哪些改进？

4. 裂解粗馏物为什么采用水蒸气蒸馏的方法进行初步分馏？

5. 写出用浓 H_2SO_4 洗去杂质的反应式。

表 2-6　甲基丙烯酸甲酯沸点与压力关系

压力/Pa(mmHg)	2666.44 (20)	3999.66 (30)	5332.88 (40)	6666.1 (50)	7999.32 (60)	9332.54 (70)	10665.76 (80)	11998.98 (90)
温度/℃	11.0	21.9	25.5	32.1	34.5	39.2	42.1	46.8
压力/Pa(mmHg)	13332.2 (100)	26664.4 (200)	39996.6 (300)	53328.8 (400)	66661 (500)	79993.2 (600)	101324.72 (760)	
温度/℃	46	63	74.1	82	88.4	94	101.0	

实验 14　膨胀计法测定丙烯酰胺光引发聚合反应速率

【实验目的】

1. 了解研究聚合反应动力学的意义。

2. 掌握膨胀计法测定聚合反应动力学的原理及方法。

【实验原理】

聚合动力学主要是研究聚合速率、分子量与引发剂浓度、单体浓度、聚合温度等因素间的定量关系。

连锁聚合一般可分成三个基元反应：引发、增长、终止。聚合速率可以用单位时间内单体消耗量或者聚合物生成量来表示，即聚合速率应等于单体消失速率。

$$R_p = -d[M]/dt \tag{1}$$

聚合速率的测定方法有直接法和间接法两类。

直接法有化学分析法、蒸发法、沉淀法。最常用的直接法是沉淀法，即在聚合过程中定期取样，加沉淀剂使聚合物沉淀，然后分离、精制、干燥、称重，求得聚合物的量。

间接法是测定聚合过程中比容、黏度、折射率、介电常数、吸收光谱等物理性质的变化，间接求其聚合物的量。

膨胀计法的原理是利用聚合过程中体积收缩与转化率的线性关系。膨胀计是上部装有毛细管的特殊聚合反应器，如图 2-4 所示，体系的体积变化 V_t 可直接从毛细管液面下降高度求出，即高度变化乘以毛细管的横截面积 S，即可求出体积变化。

$$V_t = S(h_0 - h_t) \tag{2}$$

式中，h_0 和 h_t 分别表示初始时刻和反应时间为 t 时刻毛细管中液面的高度。

反应体系的转化率可根据下式计算：

$$C = V_t/V_{max} = S[(h_0 - h_t)/h_{max}] \tag{3}$$

式中，C 为转化率；V_t 表示反应 t 时刻时体系体积收缩量，可从膨胀计的毛细管高度变化求出；h_t 表示反应 t 时刻时毛细管中液面的高度；V_{max} 表示在该反应条件下单体100%转化为聚合物时的体积收缩量；h_{max} 表示在该反应条件下单体 100%转化为聚合物时毛细管液面的下降总高度。

而转化率与浓度存在这样的关系式：

$$C=([M]_0-[M])/[M]_0 \tag{4}$$

式中，$[M]_0$ 表示初始时刻单体的浓度；$[M]$ 表示反应时间为 t 时刻单体的浓度。

将式（4）对时间 t 进行求导得到：

$$dC/dt=(-d[M]/dt)[M]_0=R_p[M]_0 \tag{5}$$

根据上面的式（5）可得出某一时刻下的聚合速率：即聚合速率 R_p 可由转化率时间曲线的斜率除以初始单体浓度求出，所以关键是绘制转化率时间曲线。转化率时间曲线可通过毛细管液面的高度变化绘制。

【实验仪器和试剂】

膨胀计，秒表，恒温水浴缸（温度误差±0.1℃），高压汞灯。

丙烯酰胺，蒸馏水，高纯氮气，乳化剂（Span类和Tween类），环己烷，光引发剂V-50。

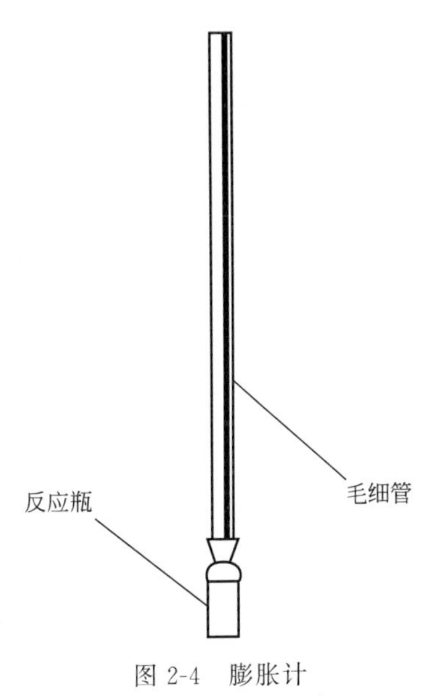

图 2-4　膨胀计

【实验步骤】

1. 称取丙烯酰胺6g、水9g、Span乳化剂5.4g、Tween乳化剂3.6g、环己烷21g，将上述药品混合均匀后通氮气30min。

2. 通氮气结束后将混合均匀的液体加入到装有磁子的膨胀计中，加入光引发剂0.06g，然后将反应器放入恒温水浴缸中，开启恒温水浴控温30℃，并开启磁力搅拌器。当水浴温度达到30℃时打开紫外光开关。

3. 当反应开始后记录毛细管中液面的高度（反应开始后的1h内，要求30s记录一次液面高度），直至反应结束（或毛细管中液面基本不变）。

4. 将反应后的液体取少量（m_1）倒入干净烧杯中，然后在烧杯中加入丙酮，使聚合物沉淀出来，过滤掉液体，干燥后测量得到的聚合物固体（质量 m_2），按照称重法测定聚合物的转化率，即 $C=m_2/\{m_1[6/(6+9+5.4+3.6+21)]\}=a$，并根据反应结束时毛细管的液面高度值 h（结束），可计算转化率 $C=100\%$ 时毛细管液面下降总高度 $h_{max}=h$（结束）$/a$。

【实验结果处理】

按如下格式记录数据并处理数据：

时间/s	液面高度/mm	高度变化	转化率
$t_0=0$	h_0	h_t-h_0	$(h_t$-$h_0)/h_{max}$
30	h_1		
60	h_2		
90	h_3		
120	h_4		
150	h_5		
180	h_6		
210	h_7		

续表

时间/s	液面高度/mm	高度变化	转化率

注：t_0 表示反应开始对应的时间（记为 0 时刻）；h_0 是聚合开始或毛细管液面开始下降时的最高高度；h_t 表示 t 时刻毛细管中液面的高度。

【思考题】

1. 膨胀计实验测定聚合反应速率的原理是什么？
2. 实验过程中是否观察到诱导期？分析诱导期产生的原因。

实验 15　苯乙烯溶液聚合链转移常数的测定

【实验目的】

掌握自由基向溶剂链转移常数的测定方法。

【实验原理】

在自由基聚合中，活性链增长的速率是非常快的，在极短的时间内，聚合度即可增加到数千甚至更多，形成一个大分子链。但是这种增长并不能无限地进行下去，当两个自由基相互碰撞时会发生终止（偶合终止和歧化终止）。但是，如果不发生终止，链自由基在增长过程中也会把它的活性中心转移给它的周围环境，这样虽然产生了一个新的自由基，原来的链自由基却终止了增长。链自由基把其活性中心转移给其他分子的反应称为链转移。这样一来，链自由基的增长，由于链自由基的相互碰撞及链转移作用，不是无限地进行下去，而是到了一定程度就停止了。聚合物的分子量不但和自由基相互碰撞的概率有关，而且和链转移的概率有关。

发生链转移对象往往是单体、引发剂、已形成的大分子和溶剂分子。发生链转移后，如果新生的自由基的活性比原来的低，将降低聚合速率，如果新生的自由基的活性与原来的相当，则聚合速率基本不变，但无论哪种情况，链转移反应由于链自由基提早终止，平均分子量都将下降。

在溶液聚合中，因为溶剂的量很大，溶剂的链转移作用对聚合反应的影响比较大，尤其那些链转移常数大的溶剂更是如此，所以选择适当的溶剂进行溶液聚合，控制好聚合物的分子量，了解溶剂的链转移常数是非常重要的。本实验就是使学生掌握一个测定溶剂链转移常数的方法。

在测定链转移常数时，为了使测定方便易行，必须对测定过程中的某些因素进行“理想化”。比如选择链转移常数弱的引发剂，使其对引发剂的链转移作用小到近于零（如ABIN）。或者进行热聚合也可避免这点，在低转化率下停止反应。另一方面根据关系式

$$\frac{1}{\overline{X}_n}=\frac{K[I]^{\frac{1}{2}}}{[M]}+C_M+C_I\frac{[I]}{[M]}+C_S\frac{[S]}{[M]} \tag{2-8}$$

可以看出，如果保证各实验点所用试剂的$[I]^{1/2}/[M]$等于一个常数。由于C_M是一个常数，C_I值接近零，方程式（2-8）右边前3项可以合并为一项。方程式（2-8）就可以简化为

$$\frac{1}{\overline{X}_n}=\frac{1}{(\overline{X}_n)_0}+C_S\frac{[S]}{[M]} \tag{2-9}$$

方程式（2-9）右边第一项是不存在溶剂时聚合度的倒数。以$1/\overline{X}_n$对$[S]/[M]$作图，斜率就是链转移常数C_S。

分子量的测定可以采用端基滴定法，测出氯含量就可以计算出分子量，由于在聚合物链段上端基的量很少，很难得到好的数值，用这个方法并不好，用黏度法测分子量可以得到比较好的结果。为了简便，可以采用一点法。溶剂为甲苯，测试温度为25℃时，计算分子量的Mark-Houwinle方程 $[\eta]=K\overline{M}^{\alpha}$ 中 $K=1.7\times10^{-2}$，$\alpha=0.69$。

【实验仪器和试剂】

容量瓶（25mL）4个
聚合封管4个
称量瓶4个
移液管1个
毛细滴管1个
电磁搅拌1台
超级恒温槽1台
苯乙烯（脱阻，重蒸）[1] 53g
甲醇1000mL
四氯化碳（重蒸）若干
ABIN（重结晶）若干

【实验步骤】

取四个清洁干燥、已经准确称重（精确到1mg）过的25mL容量瓶，按表2-7分别称取苯乙烯，并准确称重，用移液管量取ABIN-CCl_4溶液[2]，加CCl_4至容量瓶标线，并准确称量[3]。

上述溶液混合均匀后转移至聚合封管[4]中。转移的方法是用毛细管漏斗把配好的溶液装入封管内，4个封管要用4个细管漏斗，不要混用，装溶液时一定不要把溶液沾到封管管口，否则封管时用电吹风加热会发生分解而产生杂质影响测定。装好溶液后，封管放入一个盛有冷水的烧杯内，冷水刚刚浸到细颈处即可，不要让冷水溅入管内。用毛细管或一长针头通氮3～5min立即进行封管[5]。然后把封管放入60℃±0.1℃的水浴中反应3h。再将聚合物溶液倒入有电磁搅拌的盛有250mL甲醇的烧杯中，聚合物沉淀出来[6]过滤，并用10mL甲醇洗涤3次，然后放到称量瓶中在80℃烘箱中烘10min，再放到50℃真空烘箱中干燥至恒重，计算转化率，并用黏度法测分子量。

表2-7　原料配比

编号	苯乙烯质量/g	ABIN-CCl_4溶液体积/mL
1	9	1.54
2	12	2.74
3	15	4.28
4	17	5.50

【数据处理】

将实验结果填入下表，并作图，求得聚苯乙烯链自由基向溶剂四氯化碳链转移常数 C_S。

编号	苯乙烯浓度/$mol \cdot L^{-1}$	四氯化碳浓度/$mol \cdot L^{-1}$	$1/\overline{X_n}$	[S]/[M]
1				
2				
3				
4				

【思考题】

1. 做本实验时为什么要保证各实验点试剂用量的 $[I]^{1/2}/[M]$ 为一常数？

2. 为什么在低转化率下停止实验？

【注释】

[1] 苯乙烯要进行精制。精制方法见 2.2.2 节。ABIN 的精制见 1.2.1。

[2] 用一个清洁干燥并已准确称重（精确到 1mg）的小烧杯，准确称取 3.0297gABIN，用少量重蒸 CCl_4 溶解 ABIN，然后倒入容量瓶内，保证把 ABIN 转移干净。再加 CCl_4 至容量瓶标线，摇匀即可。ABIN-CCl_4 溶液的浓度为 $3.69\times10^{-2}mol \cdot L^{-1}$。

[3] 在这个实验的操作中多次出现称重，对于单体、溶剂、引发剂的称重都要求精确到 1mg。这三种药品的质量的准确才能保障把实验做好。

[4] 聚合封管要充分洗涤，用洗液充分浸泡，用水冲洗干净。用时在细颈处截断，上面的可做一个细管漏斗，细管不要做得太细，能够插入封管即可，否则溶液进入太慢。下面的可作为实验的封管，管体的容积为 50～60mL，细颈至少要有 10cm 长。

[5] 封管一定要封严，否则实验过程中会有单体、溶剂的损失及进入空气，这些都将影响实验结果，导致实验失败。

[6] 沉淀聚合物时，在搅拌下把聚合物溶液倒入甲醇中，就能得到白色疏松状聚合物。如果是黏稠状物，可再继续搅拌一段时间，如果还不见效可静置。倒掉上层清液加入一定量甲醇重新进行搅拌，就有可能得到白色疏松状产物。

第3章 高分子物理实验

实验 16 密度梯度管法测定高聚物的密度和结晶度

高聚物的密度是高聚物的重要物理参数之一，它对于指导高聚物的合成、成型工艺以及探索结构与性能之间的关系等都是不可缺少的数据。而对于结晶高聚物来说，结晶度反映了物质内部结构的规则程度，影响着其许多物理、化学性能和应用性能，密度和结晶度之间有着密切的关系。因此，测定高聚物的密度和结晶度，对研究其结构状态，进而控制材料的性能有着很大的实际意义。

测定高聚物结晶度的方法很多，有 X 射线衍射法、红外吸收光谱法、核磁共振法、差热分析法、反相色谱法、化学方法（水解法、甲酰化法、氘交换法）、密度法等。其中前几种方法都需要使用复杂的仪器设备，而密度法是从较容易测定的高聚物密度换算成结晶度，既简单易行，又较为准确。凡是能测定出高聚物试样密度的方法都属于密度法。本实验采用密度法中的一种方法——密度梯度管法测定高聚物的结晶度。

【实验目的】

1. 了解用密度梯度管法测定高聚物的密度和结晶度的基本原理和方法。
2. 学会用连续灌注法制备密度梯度管的技术及密度梯度管的标定方法。
3. 用密度梯度管测定结晶高聚物试样的密度，并计算其结晶度。

【实验原理】

将两种密度不同且又能互溶的液体配制成一系列等差密度的混合液，并按照低密度液体（轻液）位于高密度液体（重液）之上的层次，把不同密度的混合液置于带有刻度的玻璃管中，由于液体分子的扩散作用，管中的液体密度将会从下到上呈连续的线性分布，这就是密度梯度管。当把一个颗粒状试样放入密度梯度管中时，根据悬浮原理，试样会在与其密度相等的液位上悬浮不动。配制密度梯度管所选用的轻液和重液种类不同时，密度梯度管的密度梯度范围就会不同。本实验表 3-1 中列出了一些常用的密度梯度管溶液体系。

将若干个已知其准确密度的标准玻璃小球放入密度梯度管中，读出各个小球在密度梯度管中的高度值，再以玻璃小球的密度值对小球的高度值作图，就可得到该密度梯度管的标定曲线。该曲线的中间段呈直线，两端略弯曲（见图 3-1），其直线段为该密度梯度管的有效区段。当把所需测定的结晶高聚物试样放入该密度梯度管中时，只要试样处于有效区段内，则通过试样的高度值就可从标定曲线上读出该试样的密度值。

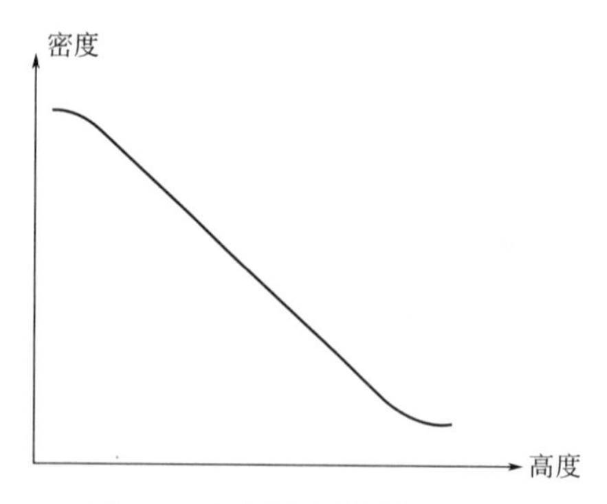

图 3-1　密度梯度管的标定曲线

由于高分子结构的复杂性，结晶高聚物总是呈晶区与非晶区共存的状态，常采用结晶度的概念来描述结晶高聚物的结晶程度高低：

$$x_c^m=\frac{\text{晶区质量}}{\text{晶区质量}+\text{非晶区质量}}\times 100\% \tag{3-1}$$

$$x_c^v=\frac{\text{晶区体积}}{\text{晶区体积}+\text{非晶区体积}}\times 100\% \tag{3-2}$$

式中，x_c^m 和 x_c^v 分别是以质量分数和体积分数表示的结晶度。

若假设高聚物的密度 ρ 具有线性加和性：

$$\rho=x_c^v\rho_c+(1-x_c^v)\rho_a \tag{3-3}$$

则可得到：

$$x_c^v=\frac{\rho-\rho_a}{\rho_c-\rho_a}\times 100\% \tag{3-4}$$

式中　ρ_c——高聚物完全结晶时的密度；

ρ_a——高聚物完全非晶（无定形）时的密度。

这样，通过测定高聚物的密度值就可求得高聚物的结晶度 x_c^v 值。

同理，若假设高聚物的比容 v 具有线性加和性：

$$v=x_c^m v_c+(1-x_c^m)v_a \tag{3-5}$$

则可以得到高聚物完全结晶时的比容 v_c 及完全非晶（无定形）时的比容 v_a 所表示的结晶度，而密度与比容成反比关系，因此可得：

$$x_c^m=\frac{v_a-v}{v_a-v_c}\times 100\%=\frac{1/\rho_a-1/\rho}{1/\rho_a-1/\rho_c}\times 100\% \tag{3-6}$$

同样可以通过测定高聚物的密度值（或比容值）求得高聚物的结晶度 x_c^m 值。

通常，高聚物的 ρ_c、ρ_a 值可从高聚物手册或高分子物理教科书中查得。本实验表 3-2 中给出了一些高聚物的 ρ_c、ρ_a 数据。

【实验仪器和试剂】

MD-01 型密度梯度法密度测定仪 1 台
升降台 1 台
密度梯度管（400mL，具塞量筒）1 个
量筒（250mL）2 只
标准密度玻璃小球（密度范围：0.86～0.98g·cm^{-3}）6 个
烧杯（25mL）1 只
底部带一个支管的锥形瓶（250mL）1 个
乳胶管 2 根
底部带两个支管的锥形瓶（250mL）1 个
乳胶管调节夹 2 个
高压聚乙烯、聚丙烯（粒料）若干
带铁圈铁架台 1 台
乙醇（化学纯或分析纯）250mL
镊子 1 把
磁力搅拌器 1 台
蒸馏水若干

【实验步骤】

1. 确定密度梯度管的测试范围及选择溶液体系

密度梯度管所能测试的密度范围由所采用的轻液和重液的密度决定（参见表 3-1）。在实验之前，应首先根据被测高聚物试样的密度大小确定密度梯度管的测试上限和下限（即有效直线段范围）。通常，其上限应大于被测试样的最大密度，而下限应小于被测试样的最小密度。

从原则上讲，许多液体都可用来配制密度梯度管。但在实际应用时，所选择的液体必须符合下列要求：

① 能够满足所需的密度范围；

② 不被试样所吸收，不与试样发生物理、化学反应；

③ 两种液体能以任何比例相互混合，混合时不发生化学变化；

④ 具有较低的挥发性和黏度；

⑤ 价廉、易得、无毒或毒性小。

在本实验中所需测定的聚乙烯和聚丙烯试样的密度处于 0.90～0.98g·cm^{-3}范围内，可选用乙醇-水这种溶液体系。

2. 密度梯度管的制备

密度梯度管的制备方法很多，有两段扩散法（即把轻液倒在重液上，放置一定时间，利用分子的自身扩散作用而形成密度梯度）、分段添加法（即先将两种液体配制成一系列不同比例的混合液，再依次由重到轻把等体积的各个混合液缓慢倒入梯度管中，放置几小时后就形成稳定的密度梯度）、连续灌注法。

本实验中采用连续灌注法制备密度梯度管。

按图 3-2 所示安装好装置。用量筒量取 250mL 轻液倒入锥形瓶 A 中，250mL 重液倒入锥形瓶 B 中。开动磁力搅拌器。缓慢旋开乳胶管调节夹 C、D，使锥形瓶 A 中轻液液面的下降速率近似等于锥形瓶 B 中混合液面的下降速率，并将锥形瓶 B 中液体的流出速率控制在 4～6mL·min^{-1}为宜。锥形瓶 A 中的轻液流入锥形瓶 B 中后，在磁力搅拌下与重液混合均匀，再流入密度梯度管中，锥形瓶 B 中混合液密度不断地由大到小变化，使得

密度梯度管中的液柱密度从下到上具有了由大到小的一个连续梯度分布。当密度梯度管中的液面达到约 400mL 刻度时，关闭调节夹 C、D，用磨口塞盖住密度梯度管。

3. 密度测定仪的温度调节

在制备密度梯度管的同时，开启密度测定仪（见图 3-3）上的电源开关及搅拌开关、温控开关，将温度调节旋钮调到 25℃，并根据温度计所显示的实际读数将玻璃缸内的水浴温度调节恒定在 25℃±0.1℃范围内。

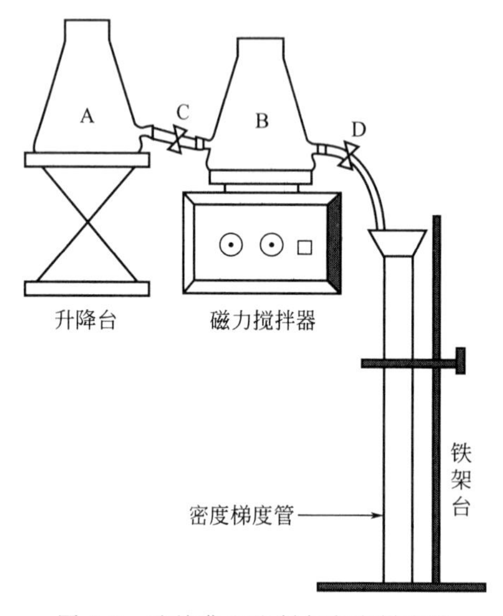

图 3-2　连续灌注法制备密度梯度管

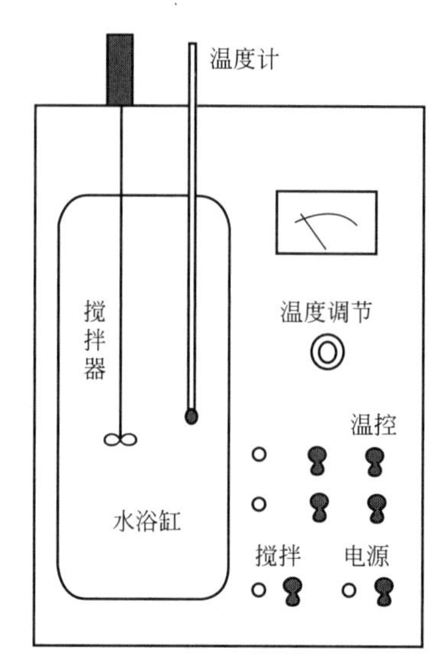

图 3-3　密度测定仪

4. 标定密度梯度管及测定试样密度

① 将配制好的密度梯度管轻轻插入恒温水浴中恒温约 30min。

② 将标准密度玻璃小球按照密度由大到小的顺序，逐个用镊子夹住，在盛有一些轻液的小烧杯中沾湿后轻轻投入密度梯度管中，同时，观察小球的下落情况。待各个小球的位置不再变化时，读取各个玻璃小球的重心高度值。用玻璃小球的密度及高度对应值做出该密度梯度管的标定曲线。当此标定曲线的中间大部分为直线时，表明该密度梯度管制备合格。否则，应重新制备。

③ 从每种高聚物试样中各挑选三粒无气泡、无杂质的试样，分别用镊子夹住，在轻液中沾湿后轻轻投入密度梯度管中，并观察其下落情况。当各个试样的高度位置不再变化时，读取其高度值，并根据三粒试样的平均高度值在标定曲线上查得其密度值。

④ 计算高聚物的结晶度 x_c^m、x_c^v。

⑤ 用铁丝捞球小勺将标准密度玻璃小球按照由高到低的位置顺序逐个从密度梯度管中捞出，并用滤纸擦干，依次装回各自原来的小袋中。将密度梯度管中的液体倒入回收瓶中，归置好各种器皿。关闭密度测定仪上的各个开关及总电源开关。

【实验数据及实验结果】

1. 密度梯度管的标定曲线

将标准密度玻璃小球的密度及其在密度梯度管中的高度值记录在下列表中，并用坐标纸绘出其标定曲线。

小球密度/g·cm^{-3}						
小球高度						

2. 高聚物试样的密度测定

将高聚物试样在密度梯度管中的高度值及其在标定曲线上所对应的密度值记录在下列表中。

试样名称	聚乙烯			聚丙烯		
试样在密度梯度管中的高度	1	2	3	1	2	3
平均高度						
密度/g·cm^{-3}						

3. 高聚物结晶度的计算

根据上述所得高聚物密度值及表 3-1 中给出的 ρ_c、ρ_a 值，按照结晶度的计算公式计算出 x_c^m、x_c^V 值。

【思考题及实验结果讨论】

1. 测定高聚物结晶度有哪些方法？为何本实验选用密度梯度管法？
2. 对在密度梯度管中使用的液体有哪些要求？
3. 影响密度梯度管精确度的因素有哪些？
4. 本实验所得结果是否令人满意？实验中出现了什么问题？其原因可能是什么？

【注意事项】

1. 做好本实验的关键是制备出一个线性好的密度梯度管（表 3-2），因而在制备密度梯度管时要严格按照上述的操作顺序和要求操作，切不可粗心大意及马虎从事。

2. 在本实验中所用的标准密度玻璃小球上并没有标号区别，全凭其小袋上写的密度值来区别，因此，在实验中必须严格按照取小球和装袋顺序进行操作，不能混淆。另外，玻璃小球一旦掉在地上，很难寻找，操作中要尤其小心。

表 3-1　一些高聚物的完全结晶密度与完全非晶密度

高聚物	密度/g·cm^{-3}	
	ρ_c	ρ_a
聚-戊烯	0.923	0.85
全同聚丙烯	0.936	0.854
聚异丁烯	0.94	0.86
全同聚-丁烯	0.95	0.868
低密度聚乙烯	1.00	0.85
高密度聚乙烯	1.014	0.854
1,4-顺式聚丁二烯	1.02	0.89
顺-聚异戊二烯	1.00	0.91
反-聚异戊二烯	1.05	0.90
等规聚苯乙烯	1.120	1.052
聚乙炔	1.15	1.00
聚环氧丙烷	1.15	1.00
尼龙-610	1.19	1.04
尼龙-66	1.220	1.069
尼龙-6	1.230	1.084

续表

高聚物	密度/g·cm^{-3}	
	ρ_c	ρ_a
聚环氧乙烷	1.23	1.12
聚甲基丙烯酸甲酯	1.23	1.17
聚碳酸酯	1.315	1.20
聚乙烯醇	1.345	1.267
聚对苯二甲酸乙二醇酯	1.455	1.336
聚甲醛	1.506	1.215
聚氯乙烯	1.52	1.39
聚偏二氯乙烯	1.954	1.66
聚偏二氟乙烯	2.00	1.74
聚三氟氯乙烯	2.10	1.92
聚四氟乙烯	2.35(>20℃)	2.00

表 3-2 常用的密度梯度管溶液体系

溶液体系	密度范围/g·cm^{-3}	溶液体系	密度范围/g·cm^{-3}
甲醇-苯甲醇	0.80～0.92	水-溴化钠	1.00～1.41
异丙醇-水	0.79～1.00	水-硝酸钙	1.00～1.60
乙醇-水	0.79～1.00	四氯化碳-二溴丙烷	1.60～1.99
异丙醇-一缩乙二醇	0.79～1.11	二溴丙烷-二溴乙烷	1.99～2.18
乙醇-四氯化碳	0.79～1.59	1,2-二溴乙烷-溴仿	2.18～2.29
甲苯-四氯化碳	0.87～1.59		

附：玻璃小球密度的标定

由于制成的玻璃小球在体积和壁厚上有所差异，使得其密度各不相同。为确定小球的密度，可先将它们投入不同密度的液体中，视其沉浮与否将其分成不同密度范围的几组小球，然后选择所需的小球进行标定。

在带有磨口塞的量筒或试管中，用能在规定范围内改变密度的两种液体配成混合液，放入25℃±0.1℃的恒温槽内，并将待标定的玻璃小球放入量筒中。当达到平衡温度后，若小球沉入筒底，则逐滴加入重液并搅拌混合液；若小球浮在液面，则逐滴加入轻液并搅拌混合液，直到小球停在液柱的1/2位置处不动时为止。此时应保证液体内无气泡存在，小球也没有吸附气泡及黏于筒壁。盖紧磨口塞，当小球位置恒定不动保持15min后，用密度计或用比重瓶法测定出量筒中液体的密度，即为玻璃小球的密度。

实验 17 偏光显微镜法观察高聚物的球晶

用偏光显微镜研究高聚物的结晶形态是目前在实验室中较为简便而实用的方法。由于结晶条件不同，结晶高聚物会形成不同的结晶形态，例如：单晶、球晶、伸直链晶体、串晶、柱晶等。而球晶是高聚物晶体中最常见的一种形式。结晶高聚物的一些使用性能（例如，光学透明性、冲击强度等）与其内部的结晶形态、晶粒大小及完善程度有着密切的联系，因此，研究高聚物的结晶形态具有重要的意义。

【实验目的】

1. 了解偏光显微镜的结构及其使用方法。

2. 掌握聚丙烯球晶试样的制备方法。

3. 利用偏光显微镜观察聚丙烯球晶。

【实验原理】

1. 偏光显微镜工作原理

光波是电磁波，其传播方向与振动方向相垂直。若取垂直于光波传播方向上的一个横截面作为观察面，则自然光的振动方向在观察面中的各个方向上的概率相等（见图 3-4）。而若振动方向只有一个方向时，则称为线偏振光（或平面偏振光）。

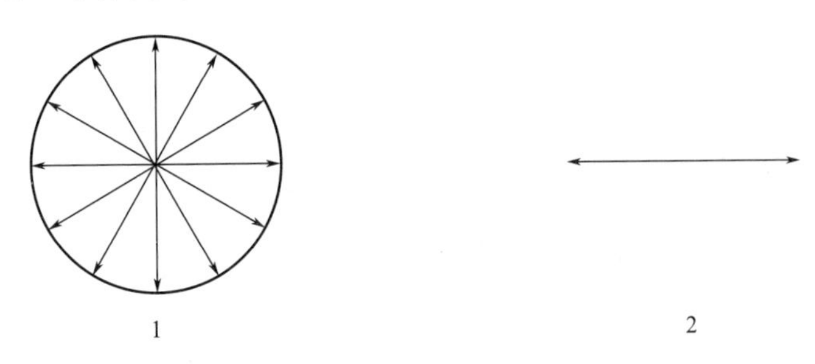

图 3-4　自然光与线偏振光的振动情况

1—自然光；2—线偏振光

能将自然光转变成线偏振光的仪器叫做起偏器（polarizer）。通常用得较多的起偏器有尼科耳棱镜和人造偏振片。起偏器既能够用来将自然光转变成线偏振光，也能够用来检查线偏振光，此时，它被称为检偏器（或分析器，analyser）。偏光显微镜与普通显微镜的不同之处就在于其光路中加入了起偏器和检偏器，较为靠近光源的偏振片是起偏器，而靠近目镜的偏振片是检偏器。当起偏器与检偏器的振动方向相互垂直时，称为“正交偏振场”，此时从目镜中看到的光强最弱。

偏光显微镜的光源可以是电光源，也可以是由一个反光镜反射的自然光。由光源发出的非偏振光通过起偏器后变成线偏振光，照射到置于工作台上的结晶试样上，由于晶体的双折射效应，使光束被分解为振动方向相互垂直的两束线偏振光。这两束线偏振光中只有平行于检偏器振动方向的分量才能够通过检偏器，到达目镜。而通过了检偏器的这两束光的分量具有相同的振动方向和频率，从而产生干涉效应，从目镜中看到的图像是一个干涉图像。

2. 球晶的生成条件及其形态特点

不同的高聚物结晶形态有着不同的适宜生成条件。通常，球晶的适宜生成条件是：从高分子浓溶液中析出或由高聚物熔体冷却结晶。而生成的球晶尺寸大小及完美程度则取决于具体条件（例如：结晶温度、溶剂、浓度、冷却速率等）。聚丙烯在熔体冷却时很容易生成球晶。球晶可以生长到几微米至几毫米数量级，对大于几微米的球晶，用普通偏光显微镜就可进行观察；而对小于几微米的球晶，则需用电子显微镜或小角光散射法进行研究。

球晶的基本结构特点是许多呈同周期扭转的晶片从同一个中心（晶核）出发，向四面八方生长，形成一个球状聚集体（中心对称体）。电子衍射实验已经证明，球晶中的大分子链主轴方向总是垂直于球晶的半径方向。由于球晶中大分子链的规则取向排列，使得球晶呈现出光学各向异性（即在不同的方向上具有不同的折射率），从而产生双折射效应。用正交偏光显微镜观察时，在大分子链主轴方向平行于起偏器或检偏器的振动方向上，将产生消光现象，从而可以看到球晶特有的黑十字消光图案（称为Maltase十字，如图3-5中所示）。又由于球晶中各个晶片为同周期扭转，使得球晶在偏光显微镜中会呈现出一系列的消光同心圆环（这一现象当球晶较小或试样制备不当时不明显）。

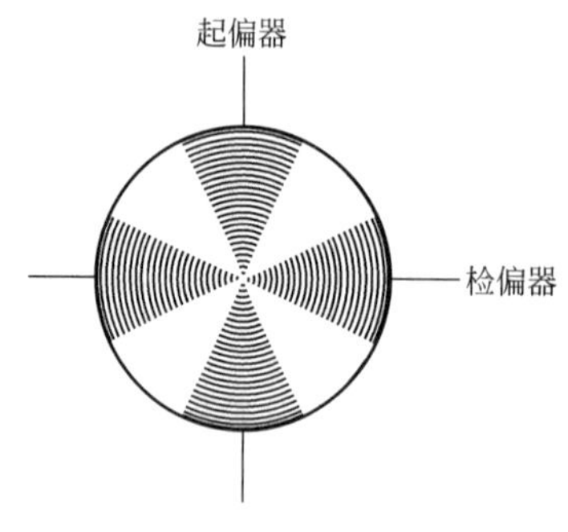

图3-5　球晶的消光图案

从浓溶液中培养成的球晶，大多呈现出较好的圆形图案；而从熔体中得到的球晶，由于晶核密度较大，使得球晶互相挤碰，常常呈现出不规则的多角形图案，但只要球晶足够大，仍能分辨出从各个中心发出的黑十字消光图案，只不过有不同程度的残缺。

【实验仪器和试剂】

偏光显微镜及其附件1套
载玻片、盖玻片若干
电炉（或电热板）（带石棉网）1台
烘箱（0～200℃可控温）1台
白瓷盘1个
大号医用镊子1把
单面刀片1把
软木塞1个
聚丙烯（粒料）若干

【实验步骤】

1. 聚丙烯球晶试样的制备

取一粒聚丙烯试样，用单面刀片切出一片很薄的片状试样，放在载玻片上，并盖上盖玻片，然后放在电炉（或电热板）的石棉网上，通电加热。当试样刚开始熔融时，关闭电源，用软木塞碾压盖玻片，使试样展成薄膜（注意不要将盖玻片压碎）。然后迅速用镊子夹住载玻片，将其放进已经恒温在140～150℃烘箱内的白瓷盘中，恒温2h后取出，让试样自然冷却到室温。

2. 熟悉偏光显微镜的结构及使用方法

了解偏光显微镜上起偏器、检偏器、目镜、物镜的位置，学会如何调节偏光显微镜的粗调旋钮及微调旋钮，才能使试样的图像清晰。通常，粗调旋钮调到合适位置后就不要再动它了，只调节微调旋钮即可。

3. 观察聚丙烯球晶试样

将制备好的聚丙烯球晶试样放在偏光显微镜的载物台上，在正交偏振条件下仔细观察球晶形态。在观察中可轻轻移动载玻片的位置，以便观察整个试样的结晶情况，并记录下所观察到的现象。对于制备得较好的球晶样品图形，可用数码相机拍摄下来。

4. 观察完毕，整理好实验用品。

【实验数据及实验结果】

1. 恒温烘箱的恒温温度：________℃。

2. 偏光显微镜的放大倍数：

目镜倍数______×物镜倍数______=______倍

3. 记录在偏光显微镜中所看到的现象（包括是否有球晶，球晶的多少、分布及球晶的大小等情况）。可将自己制备的试样与其他人制备的试样进行比较，看看有什么不同之处。

【思考题及实验结果讨论】

1. 高聚物结晶通常有哪些形态？如何可以得到球晶？

2. 影响球晶生长的主要因素有哪些？

3. 本实验所得结果是否令人满意？实验中出现了什么问题？其原因可能是什么？

【注意事项】

1. 不要拆卸偏光显微镜上的任何元件。若正交偏振场已由指导教师调好了，学生不要再自行调节。

2. 调节显微镜的粗调旋钮时，要缓慢仔细调节，不要过猛，以免物镜压碎盖玻片，同时也会损坏物镜。

实验 18　聚合物熔点的测定

熔点是晶态聚合物最重要的热转变温度，是聚合物最基本的性质之一。因此聚合物熔点的测定对理论研究及对指导工业生产都有重要意义。

聚合物在熔融时，许多性质都发生不连续的变化，如热容量、密度、体积、折射率、双折射及透明度等。聚合物的熔融具有热力学一级相转变特征，这些性质的变化都可用来测定聚合物的熔点。本实验采用在显微镜下观察聚合物在熔融时透明度发生变化的方法来测定聚合物的熔点，此法迅速、简便，用料极少，结果也比较准确，故应用很广泛。

【实验目的】

1. 了解显微熔点测定仪的工作原理。

2. 掌握显微熔点测定仪的使用方法。

3. 观察聚合物熔融的全过程。

【仪器原理】

将聚合物试样置于热台表面中心位置，盖上隔热玻璃，形成隔热封闭腔体，热台可按一定速率升温，当温度达到聚合物熔点时，可在显微镜下清晰地看到聚合物试样的某一部分的透明度明显增加并逐渐扩展到整个试样。热台温度用玻璃水银温度计显示。在样品熔化完的瞬间，立即在温度计上读出此时的温度，即为该样品的熔点。

【仪器结构】

仪器的光学系统由成像系统和照明系统两部分组成，成像系统由目镜、棱镜和物镜等组成；照明系统由加热台小孔和反光镜等组成。

【实验仪器和试剂】

显微熔点测定仪　　　　单面刀片一盒

载玻片、盖玻片数片　　聚乙烯、聚丙烯粒料

【实验步骤】

1. 插上电源，将控温旋钮全部置于零位。

2. 仪器使用前必须将热台预热除去潮气，这时需将控温旋钮调置100V处，观察温度计至120℃，潮气基本消除之后将控温旋钮调至零位。再将金属散热片置于热台中，使温度迅速下降到100℃以下。

3. 取一片干净载玻片放在实验台的台面上，用单面刀片从试样粒料上切下均匀的一小薄片试样，放在载玻片上，盖上盖玻片，用镊子将被测试样置于热台中央，最后将隔热玻璃盖在加热台的上台肩面上。

4. 旋转显微镜手轮，使被测样品位于目镜视场中央，以获得清晰的图像。

5. 将控温旋钮旋到50V处，由微调控温旋钮控制升温速率为2～3℃·min^{-1}，在距熔点10℃时，由微调控温旋钮控制升温速率在1℃·min^{-1}以内，同时开始记录时间和温度，一分钟记录一次。

6. 当在显微镜中观察到试样某处透明度明显增加时，聚合物即开始熔融，记录此时的温度，并观察聚合物的熔融过程，当透明部分扩展到整个试样时，熔融过程即结束，将此时的温度记录下来，此温度即聚合物的熔点；而从刚开始熔融时的温度到熔点之间的温度段即为熔限。

7. 将金属散热片置于热台上，使热台温度迅速下降，当温度降到离聚合物熔点30～40℃时，即可进行下次测量，重复测定三次。

8. 测定完毕，将控温旋钮与微调控温旋钮调至零位，再将物镜调起一定高度，拔下电源。

9. 清理实验台上的测试完的试样，将实验工具摆放好，结束实验。

【实验结果记录】

实验结果记录见表3-3：

表3-3　实验结果记录表

1	时间					开始熔融	熔融结束
	温度/℃						
2	时间					开始熔融	熔融结束
	温度/℃						
3	时间					开始熔融	熔融结束
	温度/℃						
4	熔限/℃					熔点/℃	

【讨论与思考题】

1. 聚合物熔融时为什么有一个较宽的熔融温度范围？

2. 列举一些其他测定聚合物熔点的方法，并简述测量原理。

实验19　高聚物熔融指数的测定

线型高聚物在一定温度和一定压力的作用下具有流动性，这是高聚物成型加工的依

据，例如，许多塑料可以采用模压、吹塑、注射、挤出成型等方法进行成型加工，而合成纤维可以进行熔融纺丝。通常，在利用高聚物的熔融态进行成型加工时，其流动性好坏是必须考虑的一个重要因素。熔融高聚物的流动性好坏常常采用熔融指数来表示。由于熔融指数的测定方法及其设备简便易行，在工业上应用较为广泛。本实验利用熔融指数测定仪来测定热塑性高聚物的熔融指数。

【实验目的】

1. 了解熔融指数测定仪的构造及其使用方法。
2. 了解热塑性高聚物流变性能在理论研究和生产实践上的意义。
3. 掌握测定高聚物熔融指数的方法，并测出聚乙烯的熔融指数。

【实验原理】

熔融指数（MI）是指热塑性高聚物的熔体在一定温度、压力下，于一定时间内通过一定长度、孔径的毛细管的质量，通常采用 $g \cdot (10min)^{-1}$ 表示。一般是采用标准的熔融指数测定仪来测定高聚物的熔融指数。

衡量熔融高聚物流动性好坏的指标有多种，熔融指数是其中之一。在一定条件下熔融高聚物的熔融指数越大，则说明其流动性越好。对于结构一定的高聚物来讲，分子量越小时，其熔体的流动性越好，熔融指数越高；反之，分子量越大时，熔融指数越低。因此，当高聚物的结构一定时，其熔融指数的大小也可以反映出其分子量的大小。而对于结构不同的高聚物，则不能用熔融指数来比较流动性的好坏，这是因为结构不同的高聚物具有高低不同的流动温度，且流动性随温度的变化也不同，因而在测定其熔融指数时所采用的温度、压力等条件也不相同。即使是同一种高聚物，若结构不同时（如支化度不同），也不能用熔融指数来反映其分子量的高低。

对于结构一定的高聚物，由于其熔融指数与分子量之间有一定的关系，因此，可以利用熔融指数来指导高聚物的合成工作。在塑料成型加工中，高聚物熔体的流动性会直接影响到加工出的制品的质量好坏，加工温度与熔体流动性之间的关系可以通过测定不同温度下的熔融指数来反映。然而，对于一定的高聚物来讲，只有当测定熔融指数的条件与实际成型加工的条件相近时，熔融指数与温度的关系才能应用到实际生产中，而通常在测定熔融指数的条件下，熔体的剪切速率在 $10^{-2} \sim 10s^{-1}$ 范围内，远比注射、挤出成型时的剪切速率（$10^2 \sim 10^4 s^{-1}$）要小，因此，对于某种热塑性高聚物，只有当熔融指数与加工条件、产品性能从经验上联系起来之后，它才具有较大的实际意义。由于熔融指数的测定简便易行，它对于高聚物成型加工中材料的选择和适用性仍有着一定的参考价值。不同用途和不同的加工方法，对于高聚物的熔融指数有着不同的要求，例如，一般情况下要求注射成型的高聚物有较高的熔融指数。

熔融指数测定仪是一种简单的毛细管式的在低切变速率下工作的仪器。国产各种型号的熔融指数测定仪虽有一些区别，但都是由主体和加热控制系统两部分组成。加热控制系统可自动将主体料筒内的温度控制在所设定的温度范围，要求温度波动维持在 0.8℃ 以内。主体部分如图 3-6 所示。其料筒的加热器由两组加热元件组成，一组加热元件用来供给料筒处于设定温度所需 90% 的热量，电流供给是连续式的；另一组加热元件用来供给维持筒内温度处于设定温度波动范围内所需的热量。砝码的质量负荷通过活塞杆作用在料筒中高聚物熔融试样上，并将高聚物熔体从毛细管压出。测试时每隔一定间隔时间用切刀切取从毛细管流出的高聚物熔体样条，并称量其质量，就可求得高聚物的熔融指数。

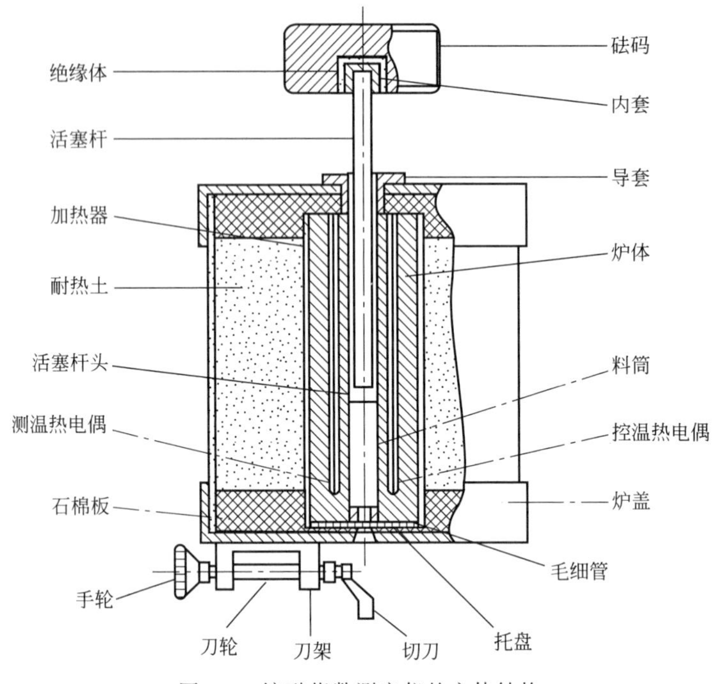

图 3-6　熔融指数测定仪的主体结构

由于高聚物熔体具有弹性流变效应，使得流出毛细管的高聚物熔体样条的直径大于毛细管本身的孔径，这就是挤出物胀大现象。在测定高聚物熔融指数的同时，也可测得其挤出膨胀比及挤出膨胀率的数据，该数据对于高聚物成型加工中制品尺寸的控制非常重要。

【实验仪器和试剂】

熔融指数测定仪及其配件 1 套　　秒表 1 只
电子天平 1 台　　镊子 1 把
小天平 1 台　　圆形滤纸若干
温度计（0～300℃）1 支　　纱布若干
游标卡尺 1 把　　高压聚乙烯（粒料）若干

【实验步骤】

1. 选择测试条件

（1）测试时所用的高聚物试样用量及其合适的切样间隔时间，要根据具体的高聚物熔融指数大小范围来确定。本实验表 3-4 中列出了熔融指数与试样用量及切样间隔时间的对应数据范围。在本实验中所用的毛细管直径为 2.095mm，选取试样用量为 4g、切样间隔时间为 1min 左右的条件。

（2）测试温度必须高于所测高聚物材料的流动温度，但也不能过高，否则易使材料发生热分解。而负荷的选择则要考虑高聚物熔体的黏度大小，黏度较大的试样应采用较大的负荷；黏度较小的试样应采用较小的负荷。在本实验表 3-5 中，列出了一些塑料熔融指数测定的标准条件。本实验中所用的高压聚乙烯熔体的黏度适中，可采用温度为 190℃和负荷为 2160g 的测试条件。

2. 接通熔融指数测定仪的电源。把温度计插入圆筒上的温度计插孔中。将设定温度指针调到所选定温度的位置，此时电炉自动开始加热，待温度计读数接近于所选定的温度时，根据筒内实际温度指针与设定温度指针的相对位置差额再细微调节微调控温螺丝，直至温度计上的读数稳定在所选定的温度为止。

3. 当筒内温度稳定在所选定的 190℃之后，取下温度计（若采用的是直角形温度计，可以不取下温度计，但须注意在操作中避免碰碎玻璃温度计）。把毛细管放入料筒内，并用压料杆将它压到筒底。把活塞杆放入料筒中，预热 10min。

4. 在小天平上称取 4g 高压聚乙烯粒料。把活塞杆取出，通过漏斗将聚乙烯加入料筒中（注意不要让粒料卡在漏斗中或料筒口上），迅速用压料杆将料筒中的聚乙烯压实后，把活塞杆重新放入料筒中。预热约 5min 后，在活塞杆顶部装上所选定的砝码（砝码质量加上活塞杆的质量等于 2160g）。

5. 当聚乙烯熔体从料筒底部的毛细管不断流出，使活塞杆的位置下降达到活塞杆上的第一条刻线时，开始用切刀正式切取试样样条（在没有到达第一条刻线之前，可以练习切取样条的技术）。切取至少 5 个合格的试样样条，切样的间隔时间均为 1min 左右，每个样条的准确切样时间 t 用秒表测定。在切取高聚物熔体样条的过程中，注意观察挤出物胀大现象。当到达活塞杆上的第二条刻线时，停止切样。

6. 待样条变硬后，选取 5 个没有气泡、较为平行的样条，在电子天平上准确称出其质量 m，并用游标卡尺测出其直径 D。

7. 将料筒内剩余的熔体全部压出。此时，可对压出的长条状高聚物进行冷拉，观察其“细颈”的形成和发展过程。

8. 取出活塞杆和毛细管，趁热将它们擦干净；用预先缠好纱布的清料杆反复擦拭料筒内壁，直至筒壁清洁光亮为止。

9. 关闭熔融指数测定仪的电源，整理好所有的实验用品。

【实验数据及实验结果】

1. 将所选择的测试条件记录如下。

试样名称：________　　　　毛细管孔径（D_0）：________ mm

试样用量：________ g　　　　负荷：________ g

筒内温度：________℃　　　　切样间隔时间：________ s

2. 将所测得的数据记录在下列表格中，并按下式计算出每个样条的熔融指数 MI 值，取其平均值作为所测高聚物的 MI 值。

$$MI=\frac{m\times 600}{t}\ [\mathrm{g}\cdot(10\mathrm{min})^{-1}]$$

切取的样条编号	1	2	3	4	5	平均值
样条质量 m/g						
切样时间 t/s						
样条直径 D/mm						
MI/g·(10min)$^{-1}$						

3. 用测得的样条直径平均值$\overline{D}$，按下式计算挤出膨胀比和挤出膨胀率：

$$挤出膨胀比=\frac{\overline{D}}{D_0}$$

$$挤出膨胀率=\frac{\overline{D}-D_0}{D_0}\times 100\%。$$

【思考题及实验结果讨论】

1. 熔融指数的定义是什么？是否所有的高聚物都可以有 *MI* 值？

2. 测定高聚物的熔融指数有何实际意义？影响 *MI* 值测定结果的因素有哪些？

3. 在把高聚物试样放入料筒后，为什么要用压料杆将其压实？

4. 为什么高聚物熔体样条在刚流出毛细管时呈透明状，尔后又逐渐变白（不透明）？期间高聚物经过了哪些状态转变？

5. 冷拉聚乙烯试样时，为什么会出现“细颈”现象？细颈部分为什么比其他部分要透明些？

6. 本实验所得结果是否令人满意？实验中出现了什么问题？其原因可能是什么？

【注意事项】

1. 由于加热后料筒口部的温度较高，而漏斗又是易导热的金属制品，在往料筒中加料时，若让聚乙烯粒料堆积在漏斗中或漏撒在料筒口部，则粒料很容易在筒口处就熔融了，从而堵塞筒口，使加料不顺；同时，黏附在筒壁上的熔体也会给测试中活塞杆的传力作用带来一定的阻力影响，使测定结果出现较大误差。因此，加料时一定要使聚乙烯粒料呈细流状快速地流入料筒中。

2. 在加料、切样、清理等操作过程中要戴上手套，以防烫伤。

3. 实验后一定要将毛细管、活塞杆、料筒内壁上黏附的高聚物熔体趁热清理干净，否则会影响下一次的测定结果。

4. 不同厂家生产的熔融指数测定仪有所不同，有的仪器主体中安置的是可以取出的料筒，而有的仪器主体中的料筒不能取出来，对于这两种仪器，实验操作基本一样，只是在实验完毕后清理仪器这一步上略有不同。对于可以取出的料筒，在清理时要趁热取出料筒（连同毛细管和活塞杆一起取出），再迅速推出活塞杆和毛细管，把它们都擦拭干净；而对于不可取出的料筒，则是直接从主体中拉出活塞杆，并用压料杆从筒底向上顶出毛细管，把它们擦拭干净。可以取出的料筒在取出后比处于主体中更容易冷却，因此，清理时动作要更为迅速一些；将料筒擦拭干净后，再把料筒重新安装在主体中（表 3-4 和表 3-5）。

表 3-4 熔融指数与试样用量及切样间隔时间的对应关系

MI 值范围/g·(10min)$^{-1}$	0.1～1.0	1.0～3.5	3.5～10	10～25	25～250
毛细管孔径/mm	2.095				1.180
试样用量/g	2.5～3.0	3.0～5.0	5.0～7.0	7.0～8.0	6～8
切样间隔时间/s	180～360	60～180	30～60	10～30	≤30

表 3-5　一些塑料熔融指数测定的标准条件（ASMD—1238）

条件	温度/℃	负荷/g	压力/kPa	适用的塑料	
1	125	325	45	聚乙烯	纤维素酯
2	125	2160	298.8		
3	190	325	45		
4	190	2160	298.8		
5	190	21600	2988		
6	190	10600	1467	聚醋酸乙烯酯	
7	150	2160	298.8		
8	200	5000	691.8	聚苯乙烯	ABS 树脂
9	230	1200	166		
10	230	3800	525.8		丙烯酸树脂
11	190	5000	691.8		
12	265	12500	1729	聚三氟乙烯	
13	230	2160	298.8	聚丙烯	
14	190	2160	298.8	聚甲醛	
15	190	1050	145		
16	300	1200	166	聚碳酸酯	
17	275	325	45	尼龙	
18	235	1000	138.3		
19	235	2160	298.8		
20	235	5000	691.8		

实验 20　用毛细管流变仪测定聚合物熔体的流变性能

当温度处于流动温度（或熔点）与分解温度之间时，线型聚合物呈现黏流态，成为熔体。绝大多数线型聚合物的成型加工都是在熔融态进行的，特别是热塑性塑料的加工。例如，树脂要加热到黏流温度以上才能模塑、挤出、吹塑、浇注薄膜、注射成型或者熔融纺丝等，即必须通过物料的黏性流动来实现。因此，研究聚合物熔体的流变性是正确进行加工成型的重要理论基础。

【实验目的】

1. 了解聚合物的流变行为及其重要性。
2. 掌握使用挤压式毛细管流变仪测量聚合物流变特性的方法。
3. 测定聚丙烯的流动曲线和表观黏度与剪切速率的依赖关系。

【实验原理】

高分子聚合物流变行为的测定，对加工及合成都是极其重要的。因为对聚合物进行成型加工时一般都包括一个熔体在压力下的挤出过程，用流变仪可以测定熔体在毛细管中的剪切应力和剪切速率的关系，直接观察挤出物的外形，通过改变长径比来研究熔体的弹性和不稳定流动，测定聚合物的状态变化等。对聚合物流变性能的研究，不仅可为加工提供最佳的工艺条件，为塑料机械设计参数提供数据，而且可在材料选择、原料改性方面获得有关结构和分子参数等有用的数据。所以，聚合物流变学已成为塑料成型加工工艺的理论基础之一。

目前，用来研究聚合物流变性能的仪器主要有三种：落球式黏度计、转动式流变仪和毛细管流变仪。由于毛细管流变仪测定熔体的剪切速率范围较宽（$\dot{\gamma}=10^{1}\sim10^{6}\,s^{-1}$），所以用得较多。

聚合物在料筒中被加热熔融后，在一定负荷作用下，面积为 $1cm^2$ 的柱塞将聚合物熔体经毛细管挤出，通过位移测量由电子记录仪自动记录挤出速率，另一记录笔同时记录温度。经过计算，可以求得剪切应力、剪切速率和黏度的关系以及力学状态变化（软化点、熔融点和流动点）。

本实验使用 XLY-Ⅱ型挤压式毛细管流变仪，仪器原理如图 3-7 所示。

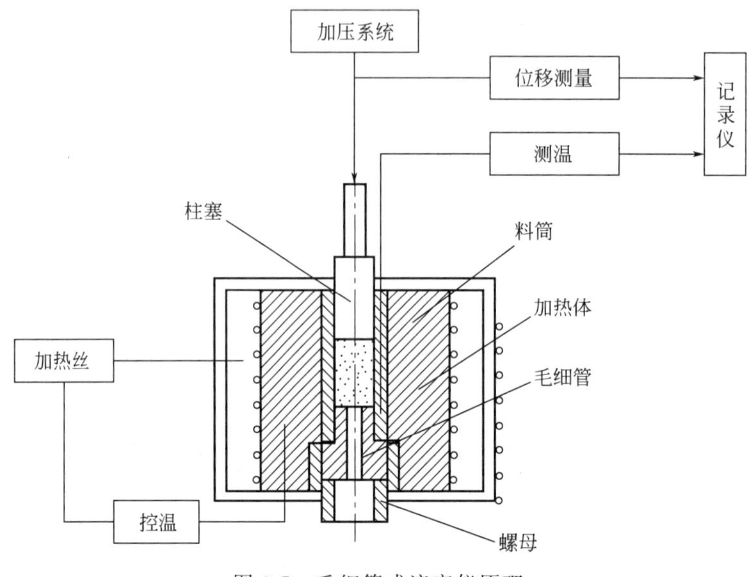

图 3-7　毛细管式流变仪原理

由该流变仪可测得熔体通过毛细管的挤出速率 v（如图 3-8 记录的流动速率曲线所示）。

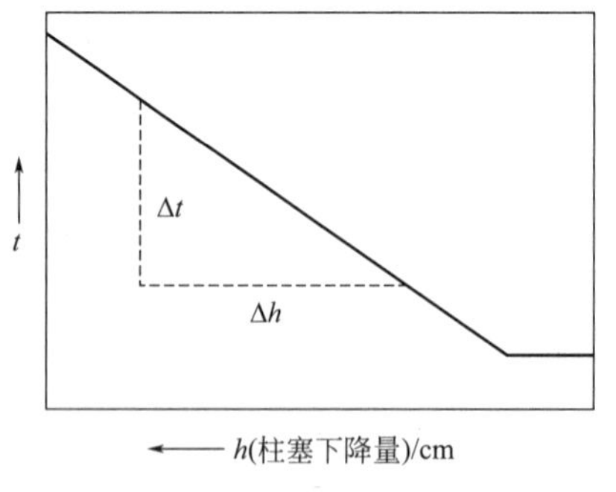

图 3-8　流动速率曲线

$$v=\frac{\Delta h}{\Delta t} \tag{3-7}$$

式中　Δh——曲线任一段直线部分的横坐标变化量，cm；

　　Δt——曲线任一段直线部分的纵坐标变化量，s。

熔体在管中的体积流率（流量）可用下式求得：

$$Q=vS=\frac{\Delta h}{\Delta t}\times S \tag{3-8}$$

式中，Q 为流量（或体积流率），$cm^3 \cdot s^{-1}$；S 为料筒横截面积，cm^2。

根据熔体在毛细管中流动力学平衡原理可有下列公式。

$$\tau_w=\frac{\Delta pR}{2L} \tag{3-9}$$

$$\Delta p=\frac{4F}{\pi d_p^2} \tag{3-10}$$

对于牛顿流体：

$$\dot{\gamma}_w=\frac{4Q}{\pi R^3} \tag{3-11}$$

$$\eta_a=\frac{\tau_w}{\dot{\gamma}_w}=\frac{\Delta p \pi R^4}{8QL}\times 9.807\times 10^4 \tag{3-12}$$

式中　τ_w——毛细管壁上的剪切应力，$kg \cdot cm^{-2}$；

　　$\dot{\gamma}_w$——毛细管壁上的剪切速率，s^{-1}；

　　η_a——表观黏度，$Pa \cdot s$；

　　Δp——毛细管两端压力差，$kg \cdot cm^{-2}$；

　　R——毛细管半径，cm；

　　L——毛细管长度，cm；

　　F——负荷，kg；

　　d_p——活塞杆直径，cm。

绝大多数聚合物熔体属于非牛顿流体，其黏度随剪切速率或剪切应力变化而改变，即剪切应力与剪切速率不呈直线关系，式（3-11）和式（3-12）是假设熔体为牛顿流体时推导出的结果，因此，必须对公式进行修正。经过推导可以得到以下公式：

$$\dot{\gamma}_w^{修}=\dot{\gamma}_w\times\frac{3n+1}{4n} \tag{3-13}$$

式中，n 为非牛顿指数，它是 $\lg\tau_w$-$\lg\dot{\gamma}_w$ 流动曲线的斜率。当 $n=1$ 时，为牛顿流体；$n<1$ 时为假塑性体；$n>1$ 时为膨胀性流体。

熔体在毛细管中由大直径料筒进入小直径的毛细管时要产生较大的压力降（称为“入口效应”），此压力降将大于熔体在毛细管中作稳定流动时的压力降。在毛细管直径相同的情况下，L 愈短，压力降影响愈大。因此，增大毛细管的长径比 L/R，可以减小压力降影响的程度。实验表明，当 $L/R=80$ 时可以不进行入口效应的校正。

【实验仪器结构】

本实验所用仪器由加压系统、加热系统、控制系统和记录系统组成。

1. 加压系统

本实验仪器为恒压式流变仪，加压系统是一个 1∶10 的杠杆机构（见图 3-9），当加一较小的负荷时，可获得较大的工作压力。

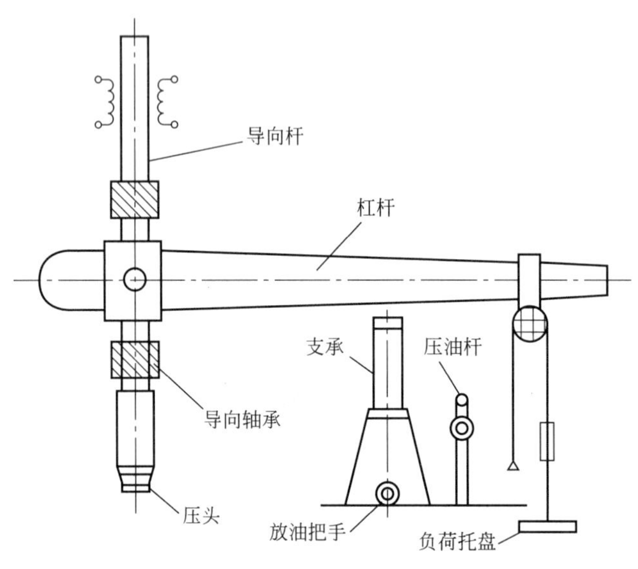

图 3-9　加压系统

导向杆行程为 20mm，与位移传感器固联，可以测量导向杆的行程。导向轴承为直线轴承，导向精度高、摩擦小。支承为液支承，当支承抬起杠杆时，放油把手应右旋拧紧，上下搬动压油杆，杠杆即被抬起；当放下支承时，放油把手左旋拧动，支承自动下落，下落距离可由放油把手控制，使其停止则只需右旋拧紧放油把手。

2. 加热系统

被测聚合物在加热炉的料筒内被加热熔融，通过装在炉体内的毛细管被挤出。

3. 控制系统

XLY-Ⅱ型流变仪的控制系统为一独立结构，它能用于恒温、等速升温、温度定值及显示。

4. 记录系统

由装在压头上的位移传感器作为传感元件，通过电子记录仪记录柱塞下降速率。

【实验步骤】

1. 接通电源，打开控制仪的电源开关，指示灯亮，电流表指零，数显全部为零（如不为零，先清一次零）。

2. 把 $\phi 1\times 40$ 的毛细管置于螺母内，然后把螺母拧入炉体内。

3. 把测温热电偶插入加热体测温孔内。将升降按钮置于“升”的位置，根据要求选好温度定值，并将升温速率选快键。按启动钮，开始升温。数显表示温度值，其值达到预选值时，停止升温。电流表稳定在0.3～0.5A时表示恒温。

4. 开启记录仪，按下温度记录笔，以观察温度曲线。

5. 恒温5min后，称取2g聚丙烯（J1300）颗粒，用漏斗装入料筒内，装上柱塞用手先预压一下，并使柱塞和压头对正。按要求压力挂上负荷，预压一下，左旋扭动放油把手，压头下压，随后右旋，搬动压油杆，使压头上升，反复两次，将物料压实。抬起压头后调节调整螺母，使压头与柱塞压紧。装料压实后保温10min，同时选好记录速度，保温后左旋拧动放油把手，压杆下压，同时开启记录仪，至压杆到底。

6. 右旋紧放油把手，搬动压油杆，抬起压头，将炉体拔出，取出柱塞。拔出测温热电偶，右旋紧放油把手，搬动压油杆，抬起压头将加热炉转出来，拧下螺母。用清料杆清理料筒和毛细管。

7. 适当选择3～4种负荷值，重复第4～6步骤，测出3～4点数据。

8. 实验完毕，将升降按钮置于“降”的位置，拨动一下定值拨盘，使定值改变为任一值，按启动电源，当数值显示零时，控制电桥中的多圈电位达到零的位置，关机停止实验，并清理料筒和毛细管，卸下全部负荷。整理好其他实验用具。

【实验数据及实验结果】

1. 根据公式计算出各负荷条件下的τ_w、$\dot{\gamma}_w$和η_a，并列成表。

2. 用算术坐标纸和双对数坐标纸绘制剪切应力与剪切速率关系图，并求出非牛顿指数n值。

3. 用双对数坐标纸绘制表观黏度与剪切速率关系图。

4. 根据流动曲线图及n值分析所测聚合物熔体的流变性质。

【思考题及实验结果讨论】

1. 用毛细管流变仪测定聚合物熔体黏度的原理是什么？

2. 聚合物熔体的黏度受哪些因素影响？影响趋势如何？

3. 聚合物熔体流变性能的好坏可用哪些物理量来表征？

4. 实验过程中应注意的问题有哪些？

【注意事项】

1. 每次实验完毕要将加热炉旋转出来进行清理。把毛细管卸下，恢复原状。

2. 在升温过程中若遇到电源忽断，数显中数字为零，如果此时要继续升温，数显中数字已不再是炉体温度，这时应将已升温度按降温法退回，再重新升温。

3. 抬起杠杆时，搬动压油杆应注意，当杠杆到达顶端时，不能再搬动压油杆，防止损坏杠杆。

4. 清理时应戴上手套，防止烫伤。

实验21 用旋转黏度计测定高聚物浓溶液的流动曲线

高聚物流体（包括高聚物熔体、高分子溶液、高聚物悬浮液等）的流动特性对于高聚物的成型加工和使用性能来讲，都具有重要的意义。而流动曲线是反映流体流动特性的图解表达形式。可用来测定流动曲线的仪器很多，例如，各种流变仪、稠度计、各种黏度计等。本实验采用旋转黏度计来测定室温下的高聚物浓溶液的流动曲线。

【实验目的】

1. 学会使用旋转黏度计测定高聚物流体黏度的方法。

2. 掌握用旋转黏度计测定高聚物流体流动曲线的原理。

3. 在恒温条件下，测定所配制的高聚物浓溶液在不同切变速率时的黏度值，绘出其流动曲线，并判断该流体的类型。

4. 观察包轴现象。

【实验原理】

流体具有一定的黏性，常采用黏度来描述其黏性大小。流体的黏度除了与流体本身的分子结构有关以外，还与温度有关。当流体内的剪切应力（σ_s）与其切变速率（$\dot{\gamma}$）成正比关系时，该流体为牛顿流体（例如，小分子流体）。而高聚物流体属于非牛顿流体，其黏度值常常不像牛顿流体那样在温度一定时是一个常数，而是随着切变速率的变化而改变。为了表征非牛顿流体的黏性大小，借用牛顿流体的黏度定义式而采用“表观黏度”（η_a）的概念。

对于非牛顿流体（尤其是高聚物流体）来讲，由于常常难以找到能反映其流动特性的流动函数的解析形式，因而，测定流动函数的图解表达形式——流动曲线（σ_s-$\dot{\gamma}$ 曲线）成为目前研究高聚物流体流动特性的一个很重要的手段。从流动曲线的类型区分，非牛顿流体可分为三类：塑性流体、假塑性体和胀流体（见图 3-10）。

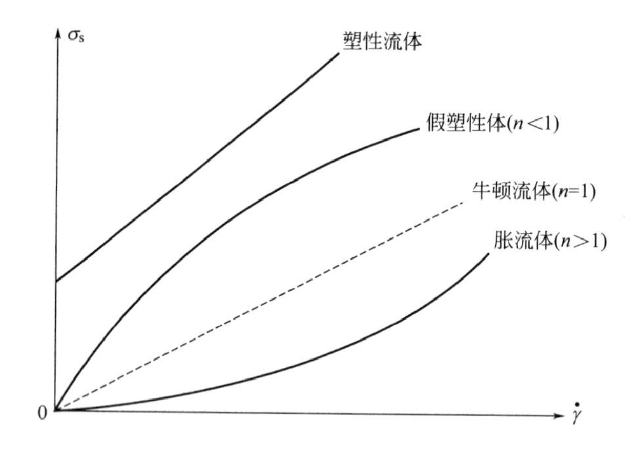

图 3-10　非牛顿流体的流动曲线类型

常采用下列指数经验式来描述非牛顿流体的流动性质：

$$\sigma_s = K\dot{\gamma}^n \tag{3-14}$$

式中，K 和 n 为常数。对于假塑性体，$n<1$；对于胀流体，$n>1$；而对于牛顿流体，$n=1$，$\mu=K$。若作 $\lg\sigma_s$-$\lg\dot{\gamma}$ 图线，则应为一条斜率为 n 的直线。因此，不仅可以直接从

σ_s-$\dot{\gamma}$ 曲线的形状来判断流体的类型，而且可以从求得的 n 值判断出流体的类型。

旋转黏度计（包括转筒式、锥板式、平行板式等）可用来测定处于剪切力作用下的高聚物流体的黏结性和流动行为，特别适用于研究黏性的及高黏性的高聚物熔体或高聚物浓溶液的流动性能。其中，转筒式黏度计适用于研究高聚物浓溶液；锥板式和平行板式黏度计适用于研究高聚物熔体。本实验采用转筒式旋转黏度计，其工作原理如图 3-11 所示。黏度计的外部是一个内半径为 R 的固定平底圆筒，其中悬挂着一个外半径为 r、长度为 L 的可旋转同轴圆筒（或转子），待测高聚物流体放置在两个圆筒之间。内筒与测力轴相连，当两筒之间没有放置流体时，内筒旋转无阻力，此时测力轴输出的电讯号为零，表盘上的指针应指向零点；而当两筒之间放置有流体时，由于流体的黏滞力作用而使内筒旋转有了阻力，从而使测力轴受到一扭矩 M 的作用而输出一定的电讯号值，在表盘上显示出反映剪切应力大小的一定读数 N 值。

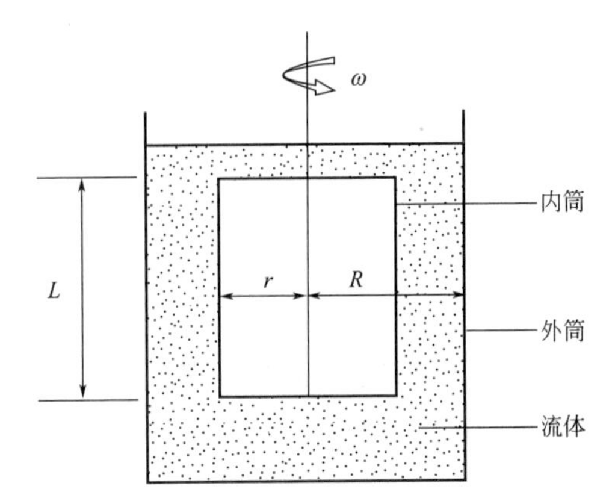

图 3-11　转筒式旋转黏度计工作原理

两筒之间的流体所受的剪切应力 σ_s 及其切变速率 $\dot{\gamma}$ 与圆筒的尺寸及圆筒的旋转角速度 ω 有关：

$$\eta_a=\frac{\sigma_s}{\dot{\gamma}}=AN \tag{3-15}$$

$$\dot{\gamma}=\frac{2R^2\omega}{R^2-r^2}=Bs \tag{3-16}$$

$$\sigma_s=\frac{M}{2\pi Lr^2}=CN \tag{3-17}$$

式中，s 为内筒转速；A、B、C 为黏度计常数，可利用已知黏度值的流体测出这些常数值，也可直接从黏度计附带的表中查得。通常，需根据待测高聚物流体的黏度大小来选择合适尺寸的圆筒，当圆筒选定后，L、R、r 值都为定值；而 $\dot{\gamma}$ 值则可通过调节内筒转速（或转子转速）s 来改变，从而可测得不同 $\dot{\gamma}$ 值下的 η_a 值、σ_s 值，绘出所测高聚物流体的流动曲线。

本实验中被测流体有两种：一种是非牛顿流体——聚乙烯醇的浓溶液；另一种是作为对比用的牛顿流体——硅油。高聚物流体由于具有弹性流变效应，在转子转动中会出现包轴现象。

【实验仪器和试剂】

同轴圆筒旋转黏度计 1 台	温度计（0～100℃）1 支
具塞锥形瓶 1 只	硅油若干
烧杯 2 只	聚乙烯醇若干
电炉 1 台	蒸馏水若干

【实验步骤】

1. 高聚物浓溶液的制备

取一定量的聚乙烯醇放入具塞锥形瓶中，加入适量的蒸馏水，使其溶胀 1～2d，然后放置在电炉的石棉网上通电加热至 60℃，使聚乙烯醇溶于水中，直至全部溶解成糊状为止。

2. 根据被测试样的黏度，选择适当型号的圆筒（或转子），并将其清洗干净。注意所选的圆筒型号与表盘上读数的对应关系。

3. 接通电源。开启旋转黏度计的开关，并空转调零，旋转调零旋钮使指针稳定地指向零点。

4. 将被测高聚物浓溶液倒入外筒中，使内筒全部浸没在流体中。然后将两筒放置在测量平台上，并小心仔细地将内筒安装在测力轴上，移动外筒使内筒处于外筒的中心位置。

5. 选择一挡合适的转子转速挡，打开旋转开关，小心地移动外筒使表盘上的指针稳定地指向某一刻度上之后，等待 30s 即可读数。

6. 选取另外四种转子转速挡，读取其相应的读数。在测定中注意观察高聚物浓溶液是否有包轴现象。

7. 对硅油试样采用与上述同样的步骤测出其在三种转子转速下的读数。注意，测试硅油试样与测试高聚物浓溶液试样所适用的圆筒（或转子）可能不同。若使用的是同一个圆筒（或转子），则应在变换被测试样之前把圆筒（或转子）清洗干净。

8. 关闭旋转黏度计的电源。从测力轴上取下所用圆筒（或转子）并清洗干净。整理好其他实验用品。

【实验数据及实验结果】

1. 旋转黏度计型号：__________；室温：________℃；

聚乙烯醇浓溶液的浓度：__________。

2. 将有关数据及测出的黏度计读数记录在下页所示的表格中，并计算出相应的 η_a 值、$\dot{\gamma}$ 值、σ_s 值。

3. 根据上述计算结果，在坐标纸上绘出所测高聚物浓溶液和硅油的流动曲线，并计算出这两种流体的 K 值和流动行为指数 n 值，判断出该高聚物浓溶液属于哪种非牛顿流体。

聚乙烯醇浓溶液：$K=$______，$n=$______；

硅油：$K=$______，$n=$______。

流体	聚乙烯醇浓溶液					硅油		
外筒型号								
内筒型号								
转子转速 s								
常数 A								
常数 B								
常数 C								
黏度计读数 N								
η_a/Pa·s								
$\dot{\gamma}$								
σ_s								
$\lg\dot{\gamma}$								
$\lg\sigma_s$								

【思考题及实验结果讨论】

1. 什么是流体的流动曲线？它有什么用处？

2. 牛顿流体与非牛顿流体的主要区别是什么？非牛顿流体有哪些类型？高聚物流体通常呈现出什么流体类型？

3. 温度对流体的黏度有什么影响？若要消除温度的影响应该怎么办？所用的旋转黏度计可否用来测定流体黏度与温度的关系？

4. 本实验所得结果是否令人满意？实验中出现了什么问题？其原因可能是什么？

【注意事项】

1. 一定要沿着垂直方向安装与拆卸圆筒（或转子），不要左右晃动，以免测力轴受损。

2. 所测试样中不得有固体颗粒，否则旋转阻力增大会引起测力装置变形，影响测试结果。

3. 内筒的外表面、外筒的内表面等切忌划伤，在清洗及安装时都应注意这一点。

4. 注意：表盘上的读数处于 10～90 之间时较为准确。当读数超出此范围时，可变换量程旋钮的位置。量程旋钮位置不同及所用圆筒型号不同时，黏度计常数 A、B、C 的值会不同。

实验 22　高聚物形变-温度曲线的测定

测定高聚物的形变-温度曲线，是研究高聚物力学性质的一种重要手段。从测得的形变-温度曲线上，可以确定出高聚物试样的玻璃化温度 T_g、流动温度 T_f、熔点 T_m 等重要数据，这对于评价高聚物试样的使用性能、确定其适用的温度范围和为其选择合适的加工条件，都具有很大的实用价值。另外，高聚物的许多结构因素（包括化学结构、分子量、结晶、交联、增塑、老化等）的改变，都会在其形变-温度曲线上有所反映，因而该曲线也可以提供许多有关试样内部结构的信息。

【实验目的】

1. 掌握测定高聚物形变-温度曲线的方法。

2. 测定聚甲基丙烯酸甲酯的形变-温度曲线及其玻璃化温度 T_g 和流动温度 T_f。

3. 通过形变-温度曲线的测定，加深理解线型非晶态高聚物所具有的几种力学状态和特征温度。

【实验原理】

对高聚物试样施加一定的外力作用，在等速升温的条件下，测定试样在不同温度时的相对形变量，用相对形变量对温度作图，即得到其形变-温度曲线（也称为热-机械曲线）。在本实验中，所用外力形式是单向压力。

从力学角度讲，一条完整的线型非晶态高聚物的形变-温度曲线应该具有四个力学状态区域和四个特征温度（见图 3-12）。通常，由于测定条件的限制，四个特征温度中的脆化温度和分解温度没有测出，因而在曲线上显示不出这两个温度。而四个力学状态区域的出现，则是由于高分子运动单元具有多重性，各种运动单元的运动需要大小不等的能量，使得宏观上高聚物在不同的温度范围内呈现出不同的力学特性，从而出现了玻璃态、黏弹态、高弹态、黏流态。

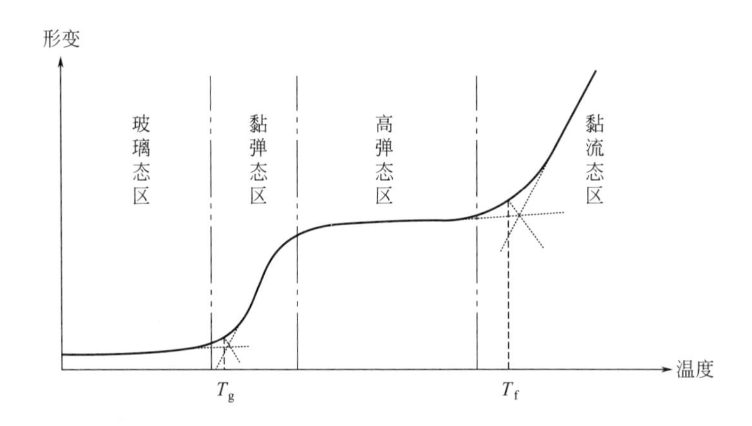

图 3-12　线型非晶态高聚物形变-温度曲线

当温度较低时，高聚物中只有小于链段的小运动单元可以运动，链段及整个分子链都处于被“冻结”的状态（或者说外界所提供的能量还不足以使它们发生运动），高聚物的宏观形变量很小，表现出类似金属材料普弹性的力学性质，像无机玻璃似的，因而称之为玻璃态。而当温度升高到一定范围时，分子热运动的能量大到足以使链段发生运动，但链段运动的阻力仍然相对较大，此时，高聚物处于黏弹态（黏弹态区域也称为玻璃化转变区），在宏观上表现出很强的黏弹性质。当温度继续升高时，分子热运动能量越来越大，链段运动阻力相对越小，使得高聚物的宏观形变越容易进行；而另一方面，温度的升高也会使得高分子更加卷曲和收缩，不利于其向某一方向的形变继续发展，当这两方面的作用相互抵消时，曲线上便出现一个平台区域，处于此平台区的高聚物宏观形变量很大，表现出类似橡胶的高弹性，因而称之为高弹态。当温度继续升高到足以使高聚物中整个分子链发生运动时，高聚物便进入黏流态，此时，整个分子链的质心位置相互之间可发生移动，在宏观上表现为可发生不可逆的形变（塑性形变），并且形变量随温度升高而急剧增大。

高聚物从玻璃态向高弹态转变时所对应的温度称为玻璃化温度（T_g）。严格地讲，高聚物的玻璃化温度应是在一定条件下链段开始运动所需的最低温度。由形变-温度曲线确定 T_g 的方法：在从玻璃态区和黏弹态区的曲线上引出的切线交点处作角平分线，上延到曲线所对应的温度就是玻璃化温度。高聚物从高弹态向黏流态转变时所对应的温度是黏流温度（或流动温度，T_f），或者说，在一定条件下，高聚物中整个分子链开始运动所需的最低温度就是黏流温度。由形变-温度曲线确定 T_f 的方法与确定 T_g 的方法类似：在从高弹态区和黏流态区的曲线上引出的切线交点处作角平分线，上延到曲线所对应的温度就是黏流温度。由于链段和整个分子链的运动都具有力学松弛特性，T_g 和 T_f 会随着测试条件的改变而有不同的数值。在本实验中，影响 T_g、T_f 的最主要因素是压力载荷的大小和升温速率的快慢。当然还存在其他的影响因素，如操作误差等。为了使实验结果具有可比性，应严格采用相同的测试条件。

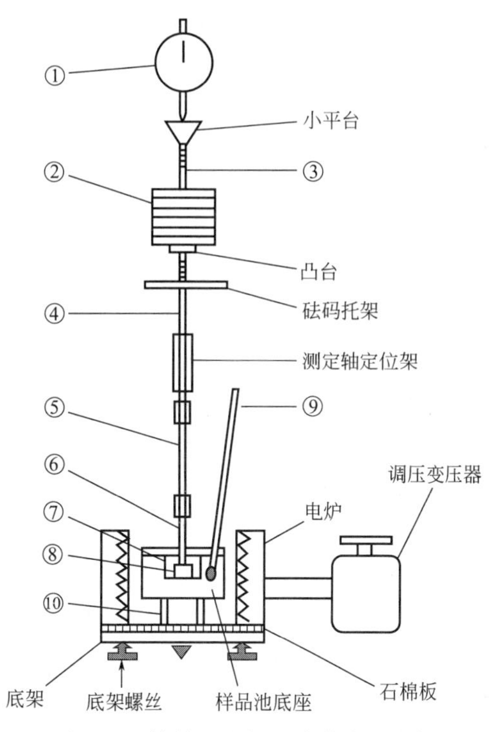

图 3-13 简易型形变-温度曲线测定仪

高聚物的组成和结构的变化（例如，分子量的大小及其分布情况，是否有增塑剂，分子链的结构等），都会使其形变-温度曲线也相应发生变化。因此，研究高聚物的形变-温度曲线有助于了解高聚物的结构，并可用来估计在某一温度下高聚物可以作为何种材料使用以及估计高聚物的加工条件。

测定高聚物形变-温度曲线的仪器种类很多，本实验采用一种简易型的形变-温度曲线测定仪（见图 3-13）。图中①为测定形变值用的百分表。砝码②的质量载荷通过砝码托杆③和测定轴④、绝热玻璃杆⑤、冲头⑥加到样品池⑦中的试样⑧上，砝码托架垂直于测定轴，其作用是在不对试样加载时承托砝码质量。测定轴定位架起限定测定轴位置的作用，用调压变压器控制电炉对试样的加热速度，样品池的温度由插入样品池底座的温度计⑨读出，隔热玻璃环⑩及石棉板的作用是减少样品池向仪器底架的传热量。仪器底架平面必须保持水平，可调节底架螺丝来实现。

【实验仪器和试剂】

简易型形变-温度曲线测定仪 1 台
调压变压器 1 台
水银温度计（0～300℃）1 支
游标卡尺 1 把
计时钟 1 只
托盘天平（1000g，公用）1 台
小水平仪（公用）1 个
大号镊子 1 把
细砂纸 1 张
圆柱形有机玻璃试样 1 个

【实验步骤】

1. 用细砂纸将圆柱形有机玻璃试样两个平面磨至呈平行状（厚度差<0.01mm），用游标卡尺测量试样厚度三次，取其平均值。

2. 根据试样性质选用适当的质量载荷及冲头，本实验中采用的质量载荷约为650g，冲头直径约为8mm。用游标卡尺测出所用的冲头直径；用托盘天平称出总质量载荷（它应包括压在试样上的所有质量）。

3. 按照图3-12中所示安装仪器。先把小水平仪放在形变-温度曲线测定仪的底架上，通过调节底架螺丝调好水平。将石棉板放在底架上，再依次放上隔热玻璃环、样品池底座及样品池，把有机玻璃试样放入样品池内，将电炉套放在样品池底座的外围。然后依次向上安装冲头、绝热玻璃杆、测定轴、砝码托杆，并略微调整冲头位置及样品池位置，使所有杆件与试样及样品池都处于同一中心轴位置。将砝码托架的位置调节到砝码托杆的凸台之上，把所用的若干砝码放置在砝码托架上，再将小平台安装在砝码托杆上。安装好百分表，并大概调节好其起始零点位置（由指导教师告知应调节到的位置）。将砝码托架位置调到砝码托杆的凸台之下，使砝码质量压在试样上，将温度计插入样品池底座。

4. 接好电源。调节调压变压器的输出电压，使电炉开始加热，并注意观察温度计示值和时间值之间的关系，使样品池的升温速率控制在2℃$\cdot$min^{-1}。当温度升至80℃时，准确调节一次百分表的零点位置，并开始记录温度、时间及百分表的读值。每升高4℃记录一组对应数据，直至230℃为止。在此期间，应随时调节调压变压器的输出电压，以保证样品池的升温速率始终是2℃$\cdot$min^{-1}。

5. 关闭电源。将百分表位置调高并取下百分表，迅速地从上到下拆卸砝码及各个杆件。趁热移开电炉，迅速用镊子从样品池中取出试样，并观察试样的软硬情况。趁热清除样品池中的黏附物。

6. 整理好实验用品，清理杂物。

【实验数据及实验结果】

1. 记录下列数据并计算所需数值：

冲头直径（ϕ）：______ mm；总质量载荷（P）：______ g；

试样所受单向压力：$\sigma=\dfrac{4P}{\pi\phi^2}=$______ g$\cdot$mm$^{-2}=$______ Pa；

试样厚度（h）：______、______、______ mm；

试样厚度的平均值：$\overline{h}=$______ mm

2. 将80～230℃的数据记录在下列表格中（注意画表格时要留够38组数据的位置），并计算出各个温度下所对应的形变量（γ）及相对形变量（ε）。

$$\varepsilon=\frac{\gamma}{\overline{h}}\times 100\%$$

No.	时间	温度/℃	百分表读值	形变量 γ	相对形变量 $\varepsilon\times100$
1					
2					
3					
⋮					

3. 根据上述表中的数据，以相对形变量为纵坐标、以温度为横坐标，在坐标纸上画出有机玻璃试样的形变-温度曲线图，并从该图上用切线法求出 T_g、T_f 值：

$$T_g = \underline{\qquad\qquad} ℃；T_f = \underline{\qquad\qquad} ℃$$

【思考题及实验结果讨论】

1. 从理论上讲，线型非晶态高聚物的形变-温度曲线的特征温度有哪几个？该曲线可分为哪几个区域？各区域所对应的分子运动是什么？

2. 影响线型非晶态高聚物的形变-温度曲线的因素有哪些？测定该曲线有什么实际意义？

3. 在本实验中，单向压力和升温速率对测定出的 T_g、T_f 值有什么影响？

4. 本实验所得结果是否令人满意？实验中出现了什么问题？其原因可能是什么？

【注意事项】

1. 要将电炉的两个接线头分隔开，以免短路。在接通电源后，不要用手触摸调压变压器的接线柱和电炉，以免触电或烫伤。

2. 安装形变-温度曲线测定仪的顺序是由下向上，而拆卸时是由上向下，并注意各杆件的连接顺序。百分表托盘、砝码托架、测定轴定位架都已安装在同一螺纹轴上，其高低位置可调。

3. 百分表的测量轴位移量不能超过其表盘上的最大限量值，否则，很容易损坏百分表，在安装、测试及拆卸过程中一定要注意这一点。另外，在调好百分表的位置之后，要拧紧其托盘的定位旋钮，以防止其下滑。

4. 实验完毕，取出试样时一定要趁热迅速地进行，否则，试样会很快变硬而难以取出，此时应把样品池放回电炉中央，再次加热使试样变软。

5. 拆卸装置时，要戴上手套或垫用其他隔热物品，以免烫伤。

实验 23　用拉力试验机测定高聚物的拉伸力学性能

高聚物材料的使用性能与其力学性能密切相关，对各种高聚物材料的力学性能要求及测试方法也不尽相同。但是，一般来讲，材料的力学性能大致可分为静态力学性能和动态力学性能两大类。用拉力试验机测定材料的应力-应变曲线是一种广泛使用的、最基础的静态力学性能试验，从应力-应变曲线中不仅可以获取材料的许多重要的力学性能参量（例如，弹性模量、屈服应力、屈服应变、破坏应力、极限伸长率、断裂能等），而且可以判断材料的强弱、硬软、韧脆及粗略估计高聚物所处的状态和拉伸取向过程，为材料设计以及选取最佳材料提供科学依据。通常，用拉力试验机可以进行材料的拉伸、压缩、剪切、弯曲、撕裂、剥离等常规力学性能的测试。在本实验中是采用拉伸的方式测定聚丙烯试样在室温下的应力-应变曲线。

【实验目的】

1. 学会拉力试验机的操作方法。

2. 掌握测定高聚物材料拉伸力学性能及其数据处理的方法。测出聚丙烯薄膜试样的应力-应变曲线及其有关的拉伸力学参量。

3. 通过实验进一步了解实验条件（温度、拉伸速率）对材料拉伸性能的影响情况。

【实验原理】

拉伸实验是在规定的实验温度、拉伸速度等条件下，对标准试样沿其纵轴方向施加拉伸载荷，使试样逐渐变形直至破坏的一个过程。试样在其纵轴方向上的表观应力 σ 为：

$$\sigma=\frac{F}{A_0} \tag{3-18}$$

式中 F——拉伸载荷；

A_0——试样的初始横截面积。

试样的伸长率（或应变）ε 为：

$$\varepsilon=\frac{\Delta L}{L_0}\times 100\%=\frac{L-L_0}{L_0}\times 100\% \tag{3-19}$$

式中 L_0——标准试样的初始标线间距；

L——试样在拉伸期间某瞬时的标线间距；

ΔL——试样在拉伸期间某瞬时的标线间距相对于初始标线间距的增量。

为了使同一材料的测试结果不会因试样形状及尺寸的不同而影响其重复性（因为不同形状及不同体积的材料会含有不同的缺陷），也为了使不同材料的测试结果具有可比性，在各种力学性能测试的标准方法中都严格规定了其相应的标准试样的形状和尺寸。高聚物材料标准试样的制备一般有两条途径，一是从材料的板、片、棒等制成品或半成品上合理地切取毛样，然后用机械加工的方法制成标准试样；二是把材料的粉料或粒料用模塑成型加工的方法制成标准试样。塑料的标准拉伸试样通常为“哑铃”形状，但根据材料的厚薄、硬软不同可规定不同的尺寸。本实验中所采用的试样形状如图 3-14 所示，注塑样条的尺寸标准如表 3-6 所示。

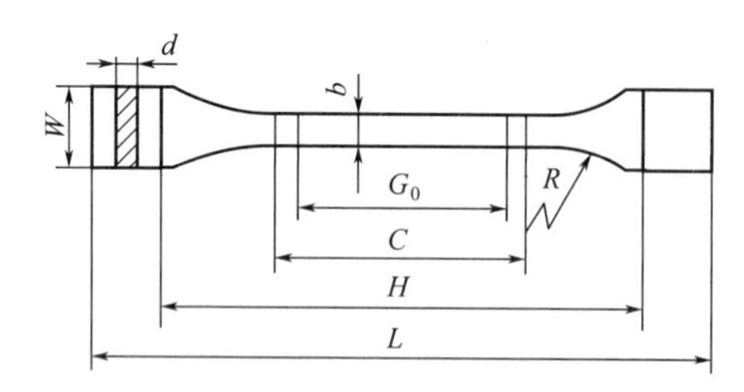

图 3-14　塑料薄膜标准拉伸试样

表 3-6　试样公差尺寸

物理量	名称	尺寸/mm	公差/mm
L	总长度(最小)	150	—
H	夹具间距离	115	±5.0
C	中间平行部分长度	60	±0.5
G_0	标距(或有效部分)	50	±0.5
W	端部宽度	20	±0.2

续表

物理量	名称	尺寸/mm	公差/mm
d	厚度	4	—
b	中间平行部分宽度	10	±0.2
R	半径(最小)	60	—

拉伸实验中所用仪器是电子拉力试验机，电子拉力试验机的测试原理如图 3-15 所示。试样变形时所受的力通过力传感器中的电阻应变片而转变成为电信号，再经过放大，输入 X-Y 函数记录仪的 Y 轴。对于较小的形变量，可采用差动变压器进行测量，将形变量转变成电信号，经过放大后输入 X-Y 函数记录仪的 X 轴；对于较大的形变量，可采用电位器或大形变测量器进行测量，形变电信号也可输入 X-Y 函数记录仪的 X 轴。这样，在函数记录仪上就可自动绘出拉伸过程的载荷-形变曲线。另外，若缺少测量形变量的仪器，还可以通过拉伸速度 v_1 和 X-Y 函数记录仪的走纸速度 v_2 来算出形变量：

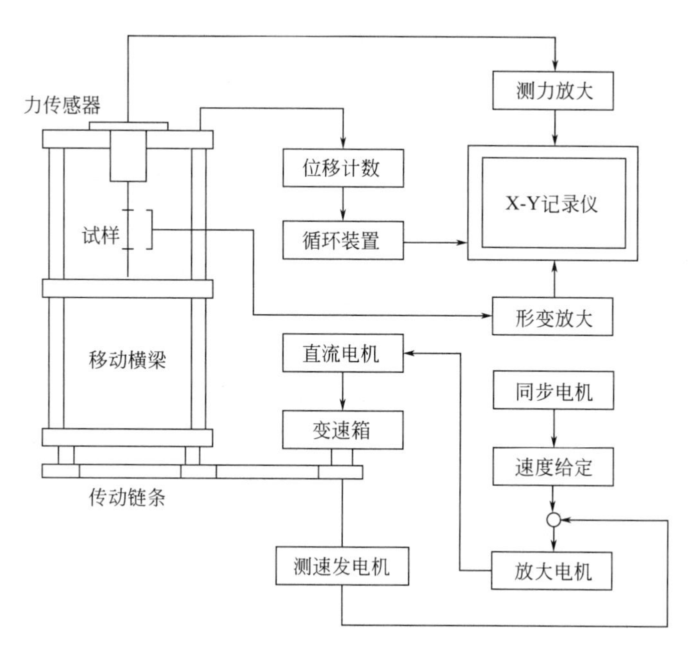

图 3-15　电子拉力试验机原理

$$\Delta L = L - L_0 = v_1 t = \frac{v_1 \Delta x}{v_2} \tag{3-20}$$

式中，Δx 是 X-Y 函数记录仪所绘出的曲线上对应某一时刻 t 的横坐标变化量。

电子拉力试验机是通过电机驱动丝杠，带动移动横梁使之以一定速率上下移动而实现对试样的恒速加载的。在拉伸实验中，上夹具通过连接杆与固定横梁上的力传感器相连接；下夹具通过连接杆与移动横梁相连接；可控硅调速系统调节电机的转速，使移动横梁可以各种速度移动。通常，电子拉力试验机还配备有恒温装置（包括保温箱、电加热系统、杜瓦瓶、测温和控温系统等），使材料的力学性能测试可以在－70～300℃的范围内某一个温度下进行。本实验中采用室温条件。

通常，塑料的拉伸应力-应变曲线形状如图 3-16 所示，一般来讲，该曲线可分为三个

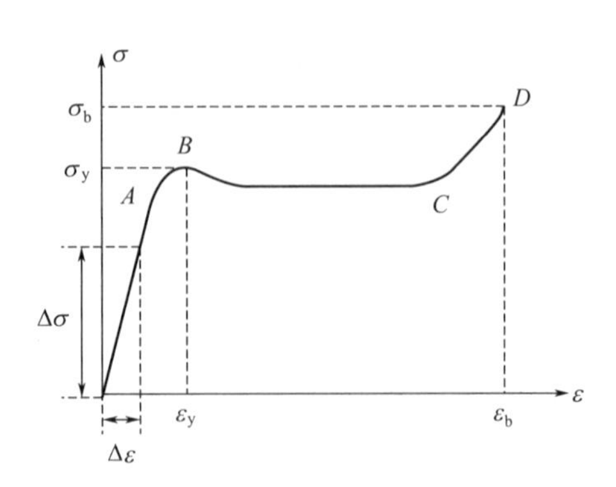

图 3-16　塑料的拉伸应力-应变曲线

区段。

（1）在比例极限点（A 点）之前，应力与应变成正比关系，此时，高聚物内部主要是键长、键角变化，宏观上表现出普弹性。这一区段中应力-应变曲线的斜率值为定值，称为弹性模量（或杨氏模量）E：

$$E=\frac{\Delta\sigma}{\Delta\varepsilon} \tag{3-21}$$

（2）超过 A 点之后，应力与应变不再成正比关系。当应变增大到屈服点（B 点）时，出现了屈服现象，即随着应变增大，应力变化很小（甚至反而有所下降）。屈服点处的弹性模量近似为零。对于许多不允许有太大形变的塑料制品来讲，屈服点是其使用的极限点。对应屈服点处的应力和应变分别称为屈服应力（σ_y）和屈服应变（ε_y）。在此区段中，高聚物中的链段（甚至整个分子链）在外力作用下发生了强迫高弹形变（甚至塑性流动），各种取向单元沿着外力方向发生取向。

（3）当高聚物的取向度大到一定值时，由于取向而会使得其轴向的宏观应力重新随着应变增大而升高（C 点以后）。当到达断裂点（D 点）时，试样发生断裂，对应 D 点的应力和应变分别称为断裂应力（或抗拉强度，σ_b）和断裂应变（或断裂伸长率，ε_b），试样断裂表面上原来具有的化学键力和分子间力均被破坏。

高聚物具有较强的黏弹性质，即其分子运动和力学行为有很强的实验条件依赖性。在拉伸实验中，最主要的实验条件就是实验温度和拉伸速度。当温度较低时，高聚物中各种运动单元的热运动能量较低，只有较小的运动单元发生运动，在宏观上表现出较脆、较硬的性质；而当温度较高时，高聚物中各种运动单元的热运动能量较高，较大的运动单元也能较为容易地发生运动，从而在宏观上表现出较韧、较软的性质。当拉伸速度较低时，高聚物中可运动的运动单元能够有较为充裕的时间进行运动，因而表现出较韧、较软的性质；反之，当拉伸速度较高时，高聚物中的一些较大的运动单元来不及发生运动，使得其宏观性质表现为较脆、较硬。实际上，根据时温等效原理，在实验温度和拉伸速度之间有着一定的对应等效关系。

【实验仪器和试剂】

拉力试验机 1 台	直尺 1 把
游标卡尺 1 把	特种铅笔 1 支
千分尺 1 把	聚丙烯拉伸试样若干

【实验步骤】

1. 用游标卡尺或测微计测每块试片的宽度和厚度。算出横截面最小处的截面积并将数值记录下来。

2. 调换和安装拉伸试验用夹具，将试片放入夹具。

3. 设定试验条件：试验方式、试验速度、返回速度、返回位置、记录方式、传感器容量等。

4. 键入试样参数：试样名称、编号、样品厚度、宽度，样品标定线间距。

5. 检查屏幕显示的试验条件、试样参数。如有不适合之处可以修改。确认无误后，开始试验。横梁以恒定的速度开始移动，同时数据采集系统也开始工作，扫描出载荷-形变曲线。仔细观察试样在拉伸过程中的变化，直到拉断为止。

6. 重复 2～5 操作，测完 5 个试样。

7. 将拉伸速度依次变为 $10\mathrm{mm}\cdot\mathrm{min}^{-1}$，$20\mathrm{mm}\cdot\mathrm{min}^{-1}$，每种速度都重复 2～6 操作。

8. 实验完毕，关闭拉力试验机，整理好实验用具。

【实验数据及实验结果】

将每个试样的基本尺寸和每种实验条件下的实验数据记录在下述表格中（注意，画表格时要留够每种实验条件下的五个平行试验数据的位置）；在所测得的载荷-形变曲线上均匀地取若干点数据，将其计算成应力-应变数据，在坐标纸上绘出应力-应变曲线，根据应力-应变曲线求取表中所列的各个拉伸力学参量。

【思考题及实验结果讨论】

1. 如何用分子运动机理解释高聚物材料的拉伸应力-应变曲线？

2. 拉伸速度对高聚物材料的拉伸性能有何影响？

3. 为何对拉伸试样的形状和尺寸要有严格的规定？

4. 在拉伸实验中，若试样出现了“细颈”现象，则细颈处的真应力应该如何计算？真应力-应变曲线会是什么样的？

5. 本实验所得结果是否令人满意？实验中出现了什么问题？其原因可能是什么？

实验数据记录：

试样名称：________；　　试样类型：__________；

实验温度：________℃；　　拉伸速度：______ $\mathrm{mm}\cdot\mathrm{min}^{-1}$

试样编号		1			2			…		
试样尺寸	宽度/cm									
		平均值			平均值			平均值		
	厚度/cm									
		平均值			平均值			平均值		
	长度 L_0/cm									
		平均值			平均值			平均值		
A_0/mm^2										
$\Delta\sigma/\mathrm{Pa}$										
$\Delta\varepsilon\times100$										
E/Pa										
σ_y/Pa										
$\varepsilon_y\times100$										
σ_b/Pa										
$\varepsilon_b\times100$										

【注意事项】：

1. 操作拉力试验机时要认真和集中注意力。不该动的仪器部分不要乱动，以免损坏仪器。万一发生事故时要立即停机，关闭电源。

2. 每次设备开机后要预热 10min，待系统稳定后才进行实验操作；不能带电插拔电源线和信号线，否则很容易损坏电气控制系统。

3. 为了试验安全，测试前应根据自己试样的长短，设置动横梁上下移动的限位器，以免操作失误损坏仪器。

4. 试验过程中，夹具安装应注意上下垂直在同一平面上，防止试验过程中试样性能受到额外剪切力的影响。

实验 24　端基滴定法测定高聚物的分子量

端基滴定法是测定高聚物分子量的一种化学方法。凡是分子的化学结构明确、每个高分子链的末端带有可供进行化学定量分析的基团的高聚物，原则上都可采用端基滴定法测定其分子量。通常，缩聚物（例如，聚酰胺、聚酯）是由具有可反应性基团的单体缩合而成的，每个高分子链的末端仍带有反应性基团，而且缩聚物的分子量一般不大，因此最适宜用端基滴定法测定其分子量。

对于端基滴定的反应终点判断，可借助于指示剂的变色（指示剂法）、光电比色计与适当滤色片的观察（光度法）、电位的突跃（电位法）、电导值的变化（电导法）等。由于高聚物一般不溶于水中，而是溶解于有机溶剂中，其端基滴定多数属于非水滴定。对于非水滴定，有许多物质还没有适当的指示剂，此时可采用电位法、电导法来指示滴定的终点。

在非水滴定中，溶剂的选择是一个重要的问题，要求所用溶剂应满足下列条件：

① 对试样的溶解度较大，并能提高试样的酸度或碱度；

② 对所用的指示剂或指示仪器有较敏锐的终点显示，对仪器无损害；

③ 黏度低，挥发性小，使用安全，价廉，对滴定无干扰作用。

酸碱滴定中所用的标准溶液，通常是选用那些在所用溶剂中为最强的酸、碱来配制的，以便对极弱的酸碱试样都可滴定。另外，酸碱滴定中所生成的盐，应该易溶于所用的溶剂中。非水滴定中最常用的标准酸溶液是高氯酸（$HClO_4$）的冰醋酸溶液，硫酸、硝酸、盐酸等虽然在水中都是强酸，但在非水滴定常用的冰醋酸中，它们的酸度都比高氯酸弱，而且硫酸的许多盐类不溶于有机溶剂中；而盐酸在有机溶剂中易于挥发，生成的氯化物在有机溶剂中也不易溶解。可用邻苯二甲酸氢钾作为基准物来标定标准酸溶液的浓度。非水滴定中最常用的碱标准溶液是甲醇钠的甲醇溶液（冰醋酸介质），有时也采用醋酸钠的冰醋酸溶液作为碱标准溶液，因为冰醋酸介质中醋酸钠是最强的碱。标定碱标准溶液常用苯甲酸为基准物。

端基滴定法的优点是所用仪器简单、操作方便、数据不需经过“外推”处理。但该法也受到许多因素的限制：

① 样品须经纯化，以除去影响测定结果的杂质、单体、没有端基的环状低聚体等；

② 往往需对溶剂进行空白滴定，以校正分析结果；

③ 假如所滴定的端基须经化学转化而来，则转化反应必须完全，且无降解发生；

④ 分析灵敏度不高，当分子量在 2 万～3 万时，其实验误差已达±20%左右。

Ⅰ. 电导法测定聚酰胺的分子量

【实验目的】

1. 了解端基滴定法测定高聚物分子量的原理。
2. 掌握用电导滴定法测定高聚物分子量的实验方法。
3. 测定聚酰胺试样的平均分子量。

【实验原理】

若 m(g) 高聚物试样中所含有的可供定量化学分析的某种端基的摩尔数为 n_t，每个高分子链含有该端基的数目为 x，则该高聚物试样的数均分子量为：

$$\overline{M}_n=\frac{xm}{n_t} \tag{3-22}$$

线型聚酰胺分子链两端的化学结构式为：

$$H_2N—CH_2—\sim\sim\sim—CH_2—COOH$$

即一端为一个氨基（$—NH_2$），另一端为一个羧基（—COOH），而在分子链的中间部位没有氨基和羧基，因此，当以氨基或以羧基为化学分析的目标端基时，$x=1$。由于氨基为碱性基团，而羧基为酸性基团，它们分别可与酸和碱发生定量反应，因而可以采用酸碱滴定的方法测定出一定质量的聚酰胺试样中的端基摩尔数。

本实验采用电导法。采用的标准溶液是以水为部分介质的 KOH 溶液和 HCl 溶液。

由于 H^+ 和 OH^- 的淌度比其他离子的高，因而在酸碱滴定中的化学计量点附近将发生溶液电导的突变（见图 3-17），突变点就是滴定的化学计量点。图 3-16 中曲线 1 为用强酸滴定强碱的曲线，此时，滴定过程中 OH^- 不断地被中和，而代之以其他淌度较低的负离子，因而溶液的电导不断地下降；到达化学计量点之后，H^+ 的浓度又不断上升，使得溶液的电导又快速升高。曲线 2 为用弱酸滴定弱碱的曲线，此时，由于弱酸和弱碱的电离度低，溶液中的 H^+ 和 OH^- 的浓度低，使得化学计量点前、后的溶液电导都不高，但由于弱酸和弱碱的电导不同，也会使溶液的电导发生变化。

当然，实际滴定不一定就只是上述的两种情况，例如，在本实验中是先用强酸滴定试样中的氨基，到达化学计量点之后再用强碱滴定，以中和过量的强酸，此时的电导滴定曲线（见图 3-18）就不像图 3-17 中的那么简单，但电导变化的基本原理和上述的一样。图 3-17 中的 AB 段为滴定氨基所消耗的标准 HCl 溶液的体积，BC 段为过量的 HCl 溶液的体积，CD 段为中和过量 HCl 所消耗的标准 KOH 溶液的体积，DE 段为中和聚合物的盐酸盐及羧基所消耗的 KOH 溶液的体积（因为在用 HCl 标准溶液滴定氨基时生成的盐酸盐相对于强碱 KOH 来说是酸，两者也能发生酸碱反应）。因为聚酰胺盐酸盐的分子数等于 AB 段所滴定的聚酰胺的氨基数，因此，在 DE 段中所消耗的 KOH 分子数等于聚酰胺的氨基数与其羧基数之和。这样，可用下面的式（3-23）和式（3-24）计算所测聚酰胺的数均分子量。

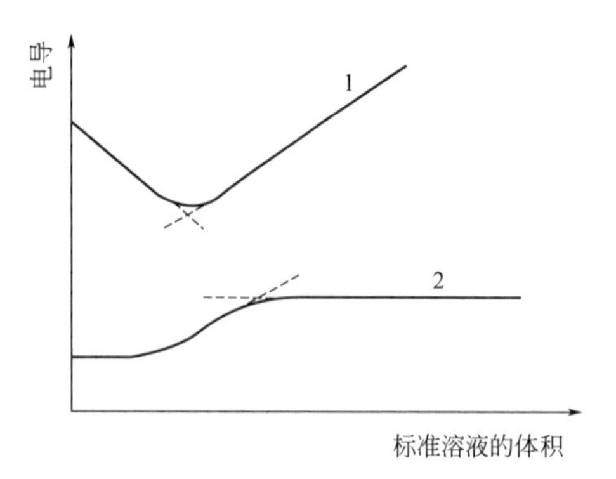

图 3-17　两种电导滴定曲线

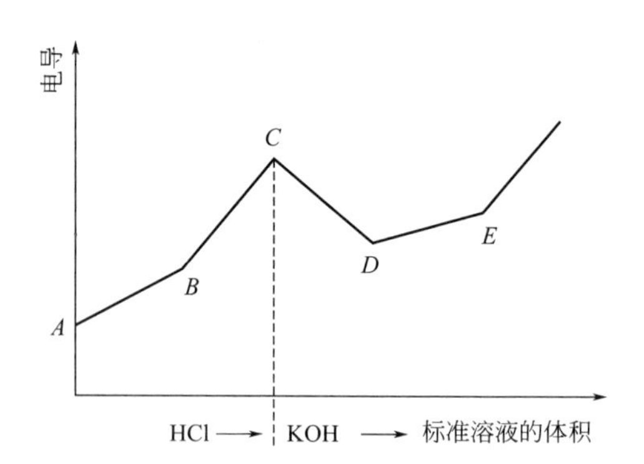

图 3-18　聚酰胺的电导滴定曲线

$$\overline{M}_n = \frac{m \times 1000}{c_{\mathrm{HCl}} V_{\mathrm{HCl(AB)}}} \tag{3-23}$$

$$\overline{M}_n = \frac{m \times 1000}{c_{\mathrm{KOH}} V_{\mathrm{KOH(DE)}} - c_{\mathrm{HCl}} V_{\mathrm{HCl(AB)}}} \tag{3-24}$$

式中，m 为所测聚酰胺试样的质量，g；c_{KOH}、c_{HCl}分别为所用标准 KOH 溶液和标准 HCl 溶液的浓度，$\mathrm{mol \cdot L^{-1}}$；$V_{\mathrm{KOH(DE)}}$为在 DE 段所消耗的标准 KOH 溶液的体积，mL；$V_{\mathrm{HCl(AB)}}$为在 AB 段所消耗的标准 HCl 溶液的体积，mL。上面的第一个式子是依据氨基数计算平均分子量，第二个式子是依据羧基数计算平均分子量。对于分子量较大的聚酰胺试样，第二个式子所得结果比第一个式子的结果要准确些，这是因为在聚合过程中可能失去氨基，使第一个式子的计算结果偏高。

从电导滴定曲线确定化学计量点时，若化学计量点处的曲线较为圆滑，可从化学计量点两侧的较平缓曲线引切线延长线，其交点处即为化学计量点。由于是从切线交点来确定化学计量点，因而在化学计量点附近发生的盐类的水解并不影响滴定结果。电导法特别适用于稀溶液（浓度低到 $10^{-4}\mathrm{mol \cdot L^{-1}}$）的滴定，在这么低的浓度下，其他滴定法（包括电位滴定法）的效果都不太好。而且，电导滴定可以不必考虑溶剂的空白滴定值，只要使用的是分析纯溶剂，则溶剂的处理与否对滴定结果也影响不大。但由于电导法测定出的是溶液中所有离子的总电导，当溶液中存在较多的其他电解质时，滴定过程中电导的相对变化较小，使测定结果较差。另外，由于温度也会影响电导，若要求精确度较高时，滴定最好在恒温槽中进行。本实验采用室温条件。

电导滴定时应注意使用较浓的标准溶液，以减少滴定中加入液的体积，一般使用刻度为 0.01mL 的微量滴定管或使用刻度经过校正的 1mL 的针筒。若加入液体积太大，会使滴定曲线不直，影响结果的精确度，此时可采用下式对溶液电导进行修正：

$$L' = \frac{V_0 - V}{V_0} \times L \tag{3-25}$$

式中，V_0 为原溶液的体积；V 为加入液的体积；L 为修正之前的电导值；L'为修正之后的电导值。

【实验仪器和试剂】

电导仪 1 台
微量滴定管 2 支
电热磁搅拌器 1 台
分析天平 1 台
容量瓶（500mL）4 个
锥形瓶（100mL）1 只
量筒（50mL）2 只
温度计（0～200℃）1 支
移液管 1 支
蒸馏装置 1 套

聚酰胺-6 若干
苯甲醇（特纯）30mL
甲醇（A. R.，加少量 KOH 回流后分馏）若干
KOH 若干
盐酸若干
邻苯二甲酸氢钾若干
甲醛若干
蒸馏水若干

【实验步骤】

1. 电导水的制备

在普通蒸馏水中加入少量 $KMnO_4$ 及 KOH，连续蒸馏两次，放在容量瓶中备用。

2. 甲醇水的制备

用甲醇：电导水＝2∶1（体积比）配制成甲醇水溶液，放在容量瓶中备用。

3. 标准溶液的制备

（1）0.02～0.03mol·L^{-1}的 KOH 溶液

在天平上称取适量的 KOH，放入容量瓶中，先加入少量甲醇水摇晃，使之溶解，再加甲醇水至刻度，并摇晃均匀。用邻苯二甲酸氢钾标定出其准确浓度。

（2）0.02～0.03mol·L^{-1}的 HCl 溶液

用移液管量取适量的盐酸，放入容量瓶中，先加入少量甲醇水摇晃使之均匀，再加甲醇水至刻度，并摇晃均匀。用 KOH 标定出其准确浓度。

4. 在天平上准确称取聚酰胺 6 试样 0.3g（参见表 3-7），放入锥形瓶中，加入 30mL 苯甲醇后，放置在电热磁搅拌器上加热并搅拌，使聚酰胺完全溶解，加热温度约为 135℃（切勿超过 180℃）。冷却至 60℃以下，加入 10mL 甲醇水稀释，搅拌均匀，再冷却至室温，即可进行滴定。

5. 在未打开电导仪的电源之前，先看其指针是否指零，可调节表头螺丝使指针指零。接插电源线，开启电源开关，使仪器预热 10min 左右。

6. 将选择器扳到所需的测量范围。若事先不知道被测溶液的电导大小，应先把它放在最大测量挡上，然后根据具体的指示值逐挡下降，以防表针打弯。

7. 选择合适的电极。若被测溶液的电导低于 5$\mu\Omega^{-1}$，则使用光亮的 260 型电极；若被测溶液的电导较高（5～150$\mu\Omega^{-1}$），则使用铂黑 260 型电极。

8. 将选好的电极插入锥形瓶中，接好电极。将校正测量开关拨向“校正”挡，调节校正调节器，使指针停在红色标志处。

9. 将校正测量开关拨向“测量”挡，此时指针所指数值就是被测溶液的电导值（注意读取电导值时的刻度应与所选测量挡一致）。在不断搅拌下，从微量滴定管向锥形瓶中逐滴滴入 HCl 标准溶液，每滴入一定量的 HCl 溶液读取一次溶液电导数据。当超过了滴

定曲线上的 B 点之后再读取几个电导数据，便可更换成 KOH 标准溶液继续滴定。当超过了滴定曲线上的 D 点之后，可加入少量甲醛以抑制氨基，使 E 点清晰些。当过了 E 点之后，再测几个数据，就可结束实验。

10. 关闭电导仪电源。取出电极，并用蒸馏水冲洗干净。整理好其他实验用具。

【实验数据及实验结果】

1. 室温：________℃；聚酰胺 6 质量（m）：________ g；

标准 KOH 溶液浓度（c_{KOH}）：________ mol·L^{-1}；

标准 HCl 溶液浓度（c_{HCl}）：________ mol·L^{-1}

2. 将滴定数据记录在下列表格中（画表时注意留够位置）。

滴入的 HCl 溶液/mL	溶液电导/$\mu\Omega^{-1}$	滴入的 KOH 溶液/mL	溶液电导/$\mu\Omega^{-1}$
$V_{HCl(AB)}$/mL		$V_{KOH(DE)}$/mL	
由氨基数求出的$\overline{M_n}$		由羧基数求出的$\overline{M_n}$	

3. 根据上述数据，在坐标纸上画出电导滴定曲线，并在该曲线上标出几个转折点的位置，读出 $V_{HCl(AB)}$ 和 $V_{KOH(DE)}$ 值，计算出所测高聚物的数均分子量$\overline{M_n}$值。

【思考题及实验结果讨论】

1. 在什么条件下才能使用端基滴定法测定高聚物的数均分子量？

2. 图 3-17 中的两个关键化学计量点是哪两个点？

3. 若将所测电导数据用加入液体积和原溶液体积进行修正，则所得聚酰胺的数均分子量值与未修正的结果相差多少？

4. 本实验所得结果是否令人满意？实验中出现了什么问题？其原因可能是什么？

【注意事项】

1. 电极要完全浸没在所测溶液中，电极的位置在滴定过程中不可移动。

2. 在滴定过程中电磁搅拌不能停止，搅拌子不能与电极相碰。

3. 为保证读数精确，所选测量挡应尽可能使滴定中的表针指示接近于满刻度。

Ⅱ. 指示剂法测定聚酯的分子量

【实验目的】

1. 掌握用指示剂滴定法测定高聚物分子量的原理及实验方法，并了解此方法的适用范围。

2. 测定聚酯试样的平均分子量。

【实验原理】

线型聚酯由二元羧酸和二元醇缩聚而成。每个大分子两端中一端为羧基，一端为羟基。而端羟基聚酯每个大分子链两端都为羟基。因此可以通过测定一定质量的聚酯试样的羧基物质的量或羟基的物质的量，来计算聚酯的分子量。

羧基的测定一般采用直接酸碱滴定法。而羟基的测定是采用乙酰化方法，即加入过量的乙酸酐，使大分子链端羟基变为乙酰基，然后使过量的乙酸酐水解为乙酸：

$$\sim\sim CH_2OH + CH_3-\overset{\overset{\large O}{\|}}{C}-O-\overset{\overset{\large O}{\|}}{C}-CH_3 \longrightarrow \sim\sim CH_2-O-\overset{\overset{\large O}{\|}}{C}-CH_3 + CH_3COOH$$

$$CH_3-\overset{\overset{\large O}{\|}}{C}-O-\overset{\overset{\large O}{\|}}{C}-CH_3 + 2H_2O \longrightarrow 2CH_3COOH$$

用 NaOH 标准溶液滴定生成的乙酸，从而计算出过量的乙酸酐的量，由此计算出试样中所含的端羟基的物质的量。

测定聚酯的分子量时，首先根据羧基和羟基的数目分别计算出高聚物的分子量，再取其平均值。

测定端羟基聚酯的分子量时，则可根据羟基的物质的量，计算端羟基聚酯的分子量。

本实验中采用指示剂法判断滴定终点。

【实验仪器和试剂】

磨口锥形瓶 1 个

滴定管 2 支

回流冷凝管 1 支

电炉 1 个

端羟基聚酯（自制）5g

三氯甲烷 50mL

酚酞指示剂若干

NaOH 标准溶液 100mL

$NaOH-C_2H_5OH$ 标准溶液 100mL

乙酸酐-吡啶溶液 50mL

苯 50mL

去离子水若干

【实验步骤】

1. 聚酯分子量的测定

（1）羧基的测定　用分析天平准确称量 1～2g 聚酯试样，置于干燥、洁净的 250mL 磨口锥形瓶中，加入 10mL 三氯甲烷摇荡，待其溶解后，用酚酞做指示剂，用标准 $0.1mol \cdot L^{-1}$ $NaOH-C_2H_5OH$ 溶液滴定至终点[1]。

$$\overline{M}_{n1} = \frac{m \times 1000}{c_1 V} \tag{3-26}$$

式中 $\overline{M}_{n1}$——通过滴定羧基测得的聚酯的数均分子量；

m——聚酯试样的质量，g；

c_1——$NaOH-C_2H_5OH$ 标准溶液的浓度，$mol \cdot L^{-1}$；

V——滴定时消耗的 $NaOH-C_2H_5OH$ 溶液的体积，mL。

（2）羟基的测定　用分析天平准确称取 1～2g 聚酯试样，置于 250mL 干燥、洁净的磨口锥形瓶中，用移液管准确加入 10mL 预先配制好的乙酸酐吡啶溶液-酰化试剂（体积比 1∶10）。在锥形瓶上装上回流装置。将锥形瓶置于电炉上（盖上石棉网）加热，回流 1～

1.5h，由冷凝管上口加入10mL苯（为了便于观察终点），稍冷后取下锥形瓶，加入10mL去离子水，完全冷却后，以酚酞为指示剂[1]，用标准0.5mol·L^{-1}的NaOH水溶液滴定至终点，同时做空白实验。

$$\overline{M}_{n2}=\frac{m\times 1000}{c_2(V_2-V_1)} \tag{3-27}$$

式中 $\overline{M}_{n2}$——通过滴定羟基测得的聚酯的数均分子量；

c_2——NaOH水溶液的浓度，mol·L^{-1}；

V_1——滴定过量的乙酸酐所消耗的NaOH水溶液的体积，mL；

V_2——空白实验所消耗的NaOH水溶液的体积，mL。

（3）聚酯的分子量$\overline{M}_n$

$$\overline{M}_n=\frac{\overline{M}_{n1}+\overline{M}_{n2}}{2} \tag{3-28}$$

2. 端羟基聚酯分子量的测定

测定方法同羟基的测定，而端羟基聚酯的分子量用下式计算：

$$\overline{M}_n=\frac{2m\times 1000}{c_2(V_2-V_1)} \tag{3-29}$$

【实验数据及实验结果】

1. 室温：________℃；

聚酯质量：________g；端羟基聚酯质量：________g；

NaOH标准溶液的浓度c_1：________mol·L^{-1}；

$NaOH-C_2H_5OH$标准溶液的浓度c_2：________mol·L^{-1}。

2. 滴定数据及计算结果

聚合物	聚酯		端羟基聚酯
空白实验	V_2=　　mL		V_2=　　mL
滴定次数	滴入的$NaOH-C_2H_5OH$溶液V/mL	滴入的NaOH溶液V_1/mL	滴入的NaOH溶液V_1/mL
1			
2			
3			
平均值			
$\overline{M}_n$	$\overline{M}_{n1}$=	$\overline{M}_{n2}$=	

【思考题】

1. 用端基分析法测定分子量时，对高聚物有什么要求？
2. 测定端羧基时，为什么要用$NaOH-C_2H_5OH$，而不用水溶液？
3. 在乙酰化试剂中，吡啶的作用是什么？

【注释】

[1] 大分子链上端羟基的反应低于低分子羟基的反应活性。因此，在滴定羟基时，需

过 5min 后如果红色不消失才算滴定达到终点，但时间过长又会因空气中的 CO_2 对 NaOH 作用使酚酞褪色。

表 3-7　高聚物分子量与高聚物试样用量及溶剂用量的关系

高聚物分子量	高聚物试样用量/g	苯甲醇用量/mL	甲醇水用量/mL
3000	0.1～0.2	15	4～4.5
8000	0.2～0.3	20～25	6～8
14000	0.3～0.5	30～35	9～10
20000	0.4～0.6	30～40	9～14

实验 25　黏度法测定高聚物的分子量

与其他测定高聚物分子量的方法相比，黏度法尽管是一种相对的方法，但由于它所需要的仪器设备简单，实验操作便利，分子量适用范围较大，又有着相当好的实验精确度，因而成为人们在科研和生产中最常用的一种测试技术。黏度法除了主要用来测定高聚物的黏均分子量之外，还可用于测定溶液中的大分子尺寸以及高聚物的溶度参数等。

【实验目的】

1. 掌握黏度法测定高聚物分子量的基本原理。

2. 学习和掌握用乌氏黏度计测定高分子溶液黏度的实验技术以及实验数据的处理方法。

3. 用乌氏黏度计测定聚苯乙烯-甲苯溶液的特性黏度，并求出聚苯乙烯试样的黏均分子量。

【实验原理】

线型高分子溶液的基本特点之一是黏度比较大，并且其黏度值与平均分子量有关，利用这一点可以测定高聚物的平均分子量。

1. 溶液黏度与溶液浓度的关系

高分子溶液的黏度除了与溶质的分子量有关外，对溶液浓度也有很大的依赖性，要利用黏度测定高聚物的分子量，首先要消除浓度对黏度的影响。通常采用下列两个经验公式来描述黏度与浓度 c 的关系：

$$\frac{\eta_{sp}}{c}=[\eta]+k'[\eta]^2c \tag{3-30}$$

$$\frac{\ln\eta_r}{c}=[\eta]-\beta[\eta]^2c \tag{3-31}$$

式中，η_{sp}称为增比黏度（或“黏度相对增量”）；η_r 称为相对黏度（或“黏度比”）；$[\eta]$ 称为特性黏度（或“极限黏数”）；k'和 β 均为常数。若用 η_0 表示纯溶剂的黏度，用 η 表示浓度为 c 的溶液的黏度，则有：

$$\eta_r=\frac{\eta}{\eta_0} \tag{3-32}$$

$$\eta_{sp}=\frac{\eta-\eta_0}{\eta_0}=\eta_r-1 \tag{3-33}$$

从上述式（3-30）和式（3-31）可见：

$$[\eta]=\lim_{c\to 0}\frac{\eta_{sp}}{c}=\lim_{c\to 0}\frac{\ln\eta_r}{c} \tag{3-34}$$

特性黏度［η］取决于高聚物的化学组成、溶剂、温度，而与溶液浓度无关。若分别以$\frac{\eta_{sp}}{c}$（称为“比浓黏度”或“黏数”）和$\frac{\ln\eta_r}{c}$（称为“比浓对数黏度”或“对数黏数”）为纵坐标，以浓度 c 为横坐标，则会得出两条直线（见图 3-19），直线的截距就是［η］。

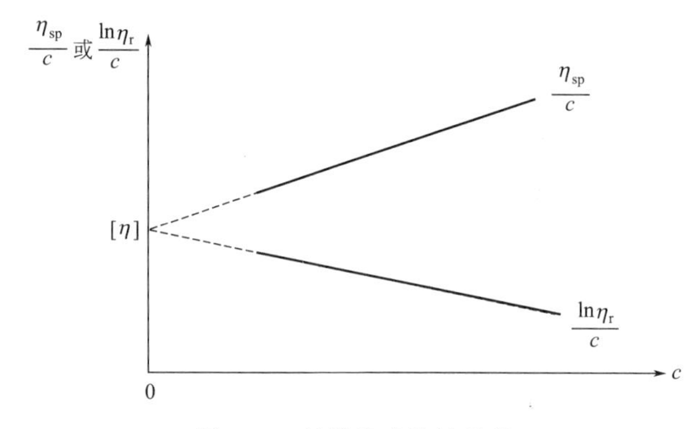

图 3-19 外推法求特性黏度

2. 特性黏度与高聚物分子量的关系

当高聚物的化学组成、溶剂、温度确定之后，特性黏度［η］值只与高聚物的分子量有关，其表达式为：

$$[\eta]=K\overline{M}_{\eta}^{\alpha} \tag{3-35}$$

式中，$\overline{M}_{\eta}$为高聚物的黏均分子量；K、α 为经验常数，它们的值与高聚物-溶剂体系及温度有关，与高聚物分子量的范围也有一定的关系。K、α 数据可通过采用已知其分子量的高聚物标准试样在相同的实验条件下测定出来，也可以直接从文献中查得（查用 K、α 的文献值时，要注意其测定条件的一致性）。在书后面的附录中列出了一些常用高聚物-溶剂体系的 K、α 数据。

3. 黏度测定

从上述式（3-30）～式（3-34）可知，只要测定出不同浓度高分子溶液的相对黏度 η_r，就可求出增比黏度 η_{sp}，从而可采用图 3-18 中的外推法求得高分子溶液的特性黏度［η］。进而可根据特性黏度与分子量的关系式（3-35）计算出高聚物的黏均分子量$\overline{M}_{\eta}$值。

测定液体黏度的方法主要有三类：

① 测定液体从毛细管流出的时间；

② 测定圆球在液体中的下落速度；

③ 利用液体在同轴圆筒之间对转动的影响。

对于高分子溶液的黏度测定，以毛细管黏度计最为方便。液体在毛细管中因自身重力作用而向下流动时的关系式为：

$$\eta=\frac{\pi hgR^{4}t\rho}{8LV}-\frac{mV\rho}{8\pi Lt} \tag{3-36}$$

式中 π——圆周率；

h——等效平均液柱高度；

g——重力加速度；

R——毛细管半径；

L——毛细管长度；

V——液体流出体积；

t——液体从毛细管流出体积 V 所花费的时间（流出时间）；

ρ——液体的密度；

m——与毛细管两端液体流动有关的常数（近似等于 1）。

式（3-36）中的第一项代表重力消耗于克服液体的黏性流动阻力；第二项代表重力的一部分转化成了流出液体的动能，称为“动能修正项”。

令仪器常数 $A=\frac{\pi hgR^{4}}{8LV}$，$B=\frac{mV}{8\pi L}$，则式（3-36）可简化为：

$$\frac{\eta}{\rho}=At-\frac{B}{t} \tag{3-37}$$

将式（3-37）分别应用于纯溶剂和溶液，再代入式（3-32）中，可得：

$$\eta_{r}=\frac{\rho}{\rho_{0}}\times\frac{At-B/t}{At_{0}-B/t_{0}} \tag{3-38}$$

式中，ρ_0、t_0 分别表示纯溶剂的密度和流出时间。当毛细管太粗，使溶剂流出时间小于 100s，或者溶剂的比密黏度（η/ρ）太小时，必须考虑动能修正项。在应用式（3-38）时，必须首先测定仪器常数 A、B，这可通过用黏度计测定已知密度和黏度的标准液体（例如，丙酮、正丁醇）的流出时间来确定。由于动能修正项给实验操作和数据处理都带来麻烦，因而常通过适当地设计仪器及适当地选择合适的溶剂，让液体在毛细管内的流动呈较缓慢的黏性流动（流出时间＞100s），从而使得动能修正项小到可以忽略（相对于黏性流动阻力项）；又因为所测高分子溶液的浓度通常很稀（$c<0.01\mathrm{g\cdot mL^{-1}}$），溶液的密度与溶剂的密度近似相等（$\rho\approx\rho_0$），所以，式（3-38）可以简化为：

$$\eta_{r}=\frac{t}{t_{0}} \tag{3-39}$$

这样，使用同一个毛细管黏度计，分别测定出纯溶剂以及不同浓度的溶液的流出时间，就可求出各种浓度溶液的相对黏度，进而可求出其增比黏度。再用比浓黏度（或比浓对数黏度）对溶液的浓度作图，通过外推可以求得其特性黏度。

测定高聚物黏均分子量常用的黏度计有乌氏黏度计和奥氏黏度计两种，其中乌氏黏度计使用得更为普遍，这是因为它在操作和测量误差上优于奥氏黏度计。本实验中采用乌氏

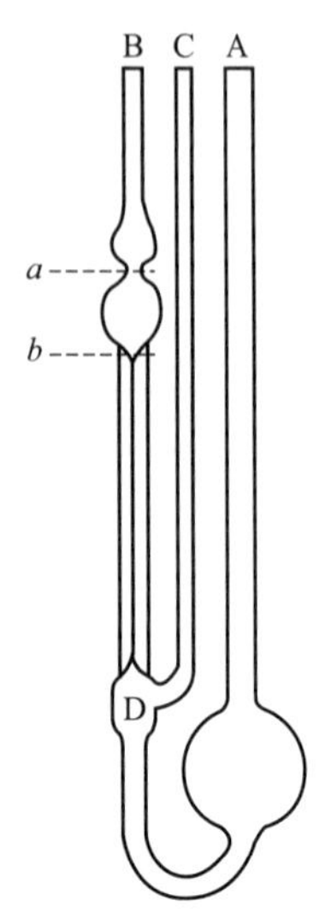

图 3-20 乌氏黏度计

黏度计（见图 3-20），它有三个支管 A、B、C。B 管中带有一定孔径和一定长度的毛细管，毛细管的上面有两个相连的球体，其中下面一个球体的上、下各有一条刻线 a、b，这两条刻线之间的球体容积就是式（3-36）中的 V 值。在测定黏度时，毛细管下方的 D 球通过 C 管通大气，使得液体从毛细管向下流动时并不受 A 管下部大球中液体的影响。

为了测定不同浓度的溶液黏度，可采用“稀释法”，即先将一定初始浓度的溶液放入黏度计 A 管下部的大球中，测出该溶液的流出时间；再逐步地向此大球中添加一定量的溶剂并搅拌均匀，测出这些不同浓度的（更稀的）溶液的流出时间。

另外，由于温度对高分子溶液的黏度影响很大，因而在测定溶液的黏度时必须使其温度恒定。本实验中采用恒温水浴使黏度计体系温度恒定在 25℃±0.1℃。

4. “一点法”求特性黏度

用上述作图外推求直线截距的方法来获得特性黏度，至少需要测定三种以上不同浓度的溶液黏度，实施起来有些费时和麻烦，尤其是在需要快速测定高聚物试样的分子量时显得不适用。此时，可采用“一点法”（即只需测定一种浓度下的溶液黏度，就可求得 $[\eta]$ 值的方法）。

对于一般的线型柔性高分子-良溶剂体系，$k'\approx0.3\sim0.4$，$k'+\beta\approx1/2$，联立式（3-30）和式（3-31）可得到一个“一点法”计算特性黏度的公式：

$$[\eta]\approx\frac{1}{c}\sqrt{2(\eta_{sp}-\ln\eta_r)} \tag{3-40}$$

而对于一些支化或刚性高分子-溶剂体系，$k'+\beta$ 偏离 1/2 较大，此时可令 $\gamma=k'/\beta$，并假设 γ 与分子量无关，则从式（3-30）和式（3-31）可推得另一个“一点法”计算特性黏度的公式：

$$[\eta]=\frac{\eta_{sp}+\gamma\ln\eta_r}{(1+\gamma)c} \tag{3-41}$$

在某一温度下，先用稀释法确定了 γ 值之后，就可通过式(3-41)用“一点法”计算分子量。

【实验仪器和试剂】

乌氏黏度计 1 支
恒温水浴装置(包括玻璃缸、搅拌器、加热器)1 套
温度计(0～50℃，0.1℃刻度)1 支
分析天平 1 台
玻璃仪器气流烘干器 1 台
秒表(最小读数精度至少 0.2s)1 块
容量瓶(25mL)2 个
容量瓶(50mL)1 个
砂芯漏斗(2 号)2 只
移液管(5mL，带刻度)1 支
移液管(10mL)2 支
洗耳球 1 个
乳胶管(15cm)2 根
夹子(固定黏度计用)1 个
弹簧夹(夹乳胶管用)2 个
聚苯乙烯若干
甲苯(分析纯)若干

【实验步骤】

1. 打开恒温水浴装置的电源，开动搅拌器，使温度计上所显示的水浴温度恒定在25℃±0.1℃。

2. 溶剂准备

用砂芯漏斗将50mL的甲苯滤入干燥、洁净的50mL容量瓶中，并把它挂在25℃±0.1℃的恒温水浴槽中，恒温待用。

3. 高分子溶液的制备(可由实验教师事先制备好)

用分析天平准确称取聚苯乙烯试样0.2g左右，全部倒入干燥、洁净的25mL容量瓶中，加入15mL甲苯，溶解摇匀后，用砂芯漏斗滤入另一个干燥、洁净的25mL容量瓶中，再用少量甲苯少量多次地把第一个容量瓶和漏斗中的高聚物全部洗入第二个容量瓶里(共洗三次，但甲苯总用量不能超过25mL)，然后把装有聚苯乙烯溶液的第二个容量瓶挂在25℃±0.1℃的恒温槽中，待溶液恒温后加入已过滤的甲苯稀释至刻度。

4. 在乌氏黏度计的B、C两管的管口小心地套接上两节乳胶管。关闭恒温水浴槽中的搅拌器。将乌氏黏度计用夹子垂直地固定在水浴中(注意不要让搅拌器与温度计或黏度计相碰)，使水浴的水面浸没B管a线上方的球体。重新开启搅拌器。

5. 用移液管移取10mL已过滤的甲苯，从A管的管口注入黏度计中。恒温10min。

6. 用弹簧夹夹住C管上的乳胶管使之不通气，用洗耳球从B管的管口将A管下部大球中的液体通过毛细管吸入毛细管上方的球体中，当液面到达a线上方球体中的一半时停止吸液，拿开洗耳球后迅速打开C管上的乳胶管夹，让空气进入D球，同时水平地注视B管中的液面下降，用秒表准确记录液面流经a、b两条刻线之间的时间，即为溶剂的流出时间。重复上述操作三次以上，使至少有三次的平行数据相差不超过0.2s，取其平均值作为t_0值。

7. 从恒温水浴中取出黏度计，将其中的溶剂倒入回收瓶中，用玻璃仪器气流烘干器将黏度计烘干。

8. 将烘干的黏度计重新装入恒温水浴中，用移液管移取10mL已经恒温的聚苯乙烯溶液从A管注入黏度计中，用和第6步骤中同样的方法测定出该初始浓度(c_0)的溶液的流出时间t_1。然后用移液管移取2mL溶剂甲苯注入黏度计中，夹住C管后，用洗耳球从B管的管口将大球中的溶液吸至a线之上的球体中的一半，打开C管，让溶液从毛细管中自然流下，如此重复吸洗三次，使大球中的溶液浓度混合均匀。再用第6步骤中的方法测出此溶液的流出时间t_2(此时的溶液浓度为c_0的5/6)。用上述同样的操作方法，向黏度计中分别加入3mL、5mL、10mL的溶剂甲苯，并分别测定出其相应的流出时间t_3、t_4、t_5。

9. 全部测定完毕，将黏度计中的溶液倒入回收瓶中，用溶剂吸洗三次，倒挂晾干。

10. 关闭恒温水浴装置的电源。整理好其他实验用品。

【实验数据及实验结果】

1. 高聚物试样：________；溶剂：________；

溶液初始浓度(c_0)：________ $g \cdot mL^{-1}$；水浴温度：________℃

2. 溶剂的流出时间：________、________、________s；

平均值 t_0=________s

3. 将测定出的不同浓度溶液的流出时间记录在下页的表格中，并计算出相应所需的作图数据。

4. 根据上述数据在坐标纸上画出$\frac{\eta_{sp}}{c}$-c 和$\frac{\ln\eta_r}{c}$-c 直线，并用外推法求出特性黏度：

$[\eta]=$________

5. 从书后面的附录中查出实验条件下的 K、α 值，计算出所测高聚物试样的黏均分子量：

$\overline{M}_\eta=$________

溶液浓度(相对浓度)		c_1	$c_2(5c_0/6)$	$c_3(4c_0/6)$	$c_4(3c_0/6)$	$c_5(2c_0/6)$
流出时间/s	1					
	2					
	3					
	平均值					
η_r						
$\ln\eta_r$						
$\frac{\ln\eta_r}{c}/mL\cdot g^{-1}$						
η_{sp}						
$\frac{\eta_{sp}}{c}/mL\cdot g^{-1}$						

【思考题及实验结果讨论】

1. 黏度法测定高聚物分子量有何优缺点？使用公式 $\eta_r\approx t/t_0$ 的前提条件是什么？

2. 影响黏度法测定分子量准确性的因素有哪些？当把溶剂加入到黏度计中稀释原有的溶液时，如何才能使其混合均匀？若不均匀会对实验结果有什么影响？

3. 用“一点法”求分子量有什么优越性？假设 k' 和 β 符合“一点法”公式的要求，则用 c_0 浓度的溶液测定的数据计算出的黏均分子量为多少？它与外推法得出的结果相差多少？

4. 本实验所得结果是否令人满意？实验中出现了什么问题？其原因可能是什么？

【注意事项】

1. 因为高分子溶液的黏度测定中要求浓度准确，因而测定中所用的容量瓶、移液管、黏度计等都必须事先进行清洗和干燥。实验完毕也要及时清洗所用的玻璃仪器。一般盛放过高分子溶液的玻璃仪器，应先用其溶剂泡洗，待洗去高聚物并吹干溶剂等有机物质后，才可用洗液去浸洗，否则，有机物会把洗液中的 $K_2Cr_2O_7$ 还原，使洗液失效。在用洗液之前，玻璃仪器中的水分也应吹干，否则会稀释洗液，大大降低洗液的去污效果。

2. 由于黏度计的毛细管较细，很容易被溶剂中的颗粒杂质或溶液中不溶解的颗粒杂质所堵塞，为此，测定中所用的溶剂和制备的溶液都必须经过砂芯漏斗过滤。黏度计的洗涤一般应按照洗液→蒸馏水→干燥的步骤进行，用于洗涤黏度计的液体也必须用砂芯漏斗过滤。若黏度计比较干净，可用溶剂洗涤三次后倒挂晾干。

3. 使用黏度计时要小心仔细，防止折断黏度计上的支管。

4. 作外推图时，要注意所用浓度与最后结果的关系。若采用溶液的实际浓度($g\cdot mL^{-1}$)计算并作图时，所得截距值就是特性黏度$[\eta]$ 值。而若采用相对浓度(c_0 的倍数）计算并作图时，相当于是把 c_0 值作为一个单位量值，因而外推得出的截距值需除以 c_0 后才是 [η] 值。

实验 26　溶胀平衡法测定交联聚合物的交联度

作为结构材料使用的聚合物，在性能方面的要求可以概括为三点：更高的强度、更高的耐热性、更高的抗化学药品腐蚀能力。这些要求反映在高分子结构上是比较一致的，无非是加强高分子间的相互作用力或强化高分子链本身。一般认为借助于三个主要原则从结构上可改进聚合物材料的性能，这三个原则是结晶、交联和增加高分子键的刚性。其中，分子链的化学交联限制了链的运动，早已被用来提高聚合物的强度和刚性。在橡胶一类的聚合物中加入像硫这样的物质，使分子链间生成较强的化学键。由于分子链是用很强的而且无规则排列的链连接起来的，所以硫化橡胶有足够好的强度和弹性。交联属于化学反应，当温度升高时交联过程显著加速，随着交联键数目的增加，可使橡胶逐渐变硬，最后成为硬度和软化点很高、完全不溶解也不溶胀的材料。交联本就是热固性塑料的共同特点，而热固性塑料一般要比热塑性塑料耐高温。增加分子链的极性吸引和离子吸引也可以归入这个范畴。应用交联已得到硬质橡胶、热固性树脂、不饱和聚酯、交联环氧树脂、聚氨基甲酸酯以及由甲醛与尿素、三聚氰胺或苯酚反应所得到的树脂与塑料。

因为交联是改善橡胶性能的一种非常重要的方法，交联度的大小与橡胶制品的性能直接相关，因此在对橡胶进行加工时，控制硫化条件、保持适当的交联度就成为实际加工过程中关键的步骤。欲了解橡胶交联度与制品性能的关系，就必须测定橡胶的交联度。本实验采用溶胀平衡法来测定橡胶的交联度。

【实验目的】

1. 了解溶胀平衡法测定聚合物交联度的基本原理。
2. 掌握体积法和质量法测定交联聚合物溶胀度的实验技术。
3. 加深对交联橡胶统计理论的认识。

【实验原理】

交联聚合物在溶剂中不能溶解，但是能发生一定程度的溶胀，溶胀度取决于聚合物的交联度。当交联聚合物与溶剂接触时，由于交联点之间的分子链段仍然较长，具有相当的柔性，溶剂分子容易渗入聚合物内，引起三维分子网的伸展，使其体积膨胀；但是交联点之间分子链的伸展却引起它的构象熵值的降低，进而分子网将同时产生弹性收缩力，使分子网收缩，因而将阻止溶剂分子进入分子网。当这两种相反的作用相互抵消时，体系就达到了溶胀平衡状态，溶胀体的体积不再变化。随着聚合物交联度的增加，链段长度减小，分子网络的柔性减小，聚合物的溶胀度相应减小，实验误差也相应增大。而当高度交联的聚合物与溶剂接触时，由于交联点之间的分子链段很短，不再具有柔性，溶剂分子很难钻入这种刚硬的分子网络中，因此高度交联的聚合物在溶剂中甚至不能发生溶胀。相反，如果交联度太低，分子网中存在的自由末端对溶胀没有贡献，与理论偏差较大，而且交联度太低的聚合物包含可以溶于溶剂的部分，在溶剂中溶胀后形成强度很低的溶胶，给测定带来很多不便，也会引起较大的实验误差。因此溶胀平衡法只适合于测定中度交联聚合物的交联度。

在溶胀过程中，溶胀体内的自由能变化 ΔG 应为：

$$\Delta G=\Delta G_{M}+\Delta G_{el}<0 \tag{3-42}$$

式中，ΔG_{M} 为高分子-溶剂的混合自由能；ΔG_{el}为分子网的弹性自由能。当达到溶胀平衡时，

$$\Delta G=\Delta G_{M}+\Delta G_{el}=0 \tag{3-43}$$

溶胀后的凝胶实际上是聚合物的浓溶液，因此形成溶胀体的条件与线型聚合物形成溶液的条件相同。根据高分子溶液的似晶格模型理论，高分子溶液的稀释自由能可以表示为：

$$\Delta\mu_{1}^{M}=RT\left[\ln\varphi_{1}+\left(1-\frac{1}{x}\right)\varphi_{2}+\chi_{1}\varphi_{2}^{2}\right] \tag{3-44}$$

式中，φ_{1}、φ_{2} 分别为溶剂和聚合物在溶胀体中所占的体积分数；χ_{1} 为高分子-溶剂分子的相互作用参数；T 为温度；R 为理想气体常数；x 为聚合物的聚合度。对于交联聚合物，$x\to\infty$，因此上式化简为：

$$\Delta\mu_{1}^{M}=RT\ \left[\ln\varphi_{1}+\varphi_{2}+\chi_{1}\varphi_{2}^{2}\right] \tag{3-45}$$

交联聚合物的溶胀过程类似于橡胶的形变过程，因此可直接引用交联橡胶的储能函数公式：

$$\begin{aligned}\Delta G_{el}&=\frac{1}{2}NkT\ \left[\lambda_{1}^{2}+\lambda_{2}^{2}+\lambda_{3}^{2}-3\right]\\&=\frac{1}{2}\frac{\rho RT}{\overline{M}_{c}}\ \left[\lambda_{1}^{2}+\lambda_{2}^{2}+\lambda_{3}^{2}-3\right]\end{aligned} \tag{3-46}$$

式中，N 为单位体积内交联链的数目；k 为玻耳兹曼常数；ρ 为聚合物的密度；$\overline{M}_{c}$ 为两交联点之间分子链的平均分子量；λ_{1}、λ_{2}、λ_{3} 分别为聚合物溶胀后在三个方向上的尺寸（设试样溶胀前是一个单位立方体）。假定该过程是各向同性的自由溶胀，则设：

$$\lambda_{1}=\lambda_{2}=\lambda_{3}=\lambda=\left(\frac{1}{\varphi_{2}}\right)^{1/3} \tag{3-47}$$

因此偏微摩尔弹性自由能为：

$$\Delta\mu_{1}^{el}=\frac{\partial\Delta G_{el}}{\partial n_{1}}=\frac{\rho RT}{\overline{M}_{c}}\widetilde{V}_{1}\varphi_{2}^{1/3} \tag{3-48}$$

式中，$\widetilde{V}_{1}$ 为溶剂的摩尔体积。当达到溶胀平衡时：

$$\Delta\mu=\Delta\mu_{1}^{M}+\Delta\mu_{1}^{el}=0 \tag{3-49}$$

将式（3-45）和式（3-48）代入式（3-49），结果得：

$$\ln\varphi_1+\varphi_2+\chi_1\varphi_2^2+\frac{\rho}{\overline{M_c}}\widetilde{V}_1\varphi_2^{1/3}=0 \tag{3-50}$$

设橡胶试样溶胀后与溶胀前的体积比，即橡胶的溶胀度为 Q，显然，

$$Q=\frac{1}{\varphi_2} \tag{3-51}$$

当聚合物交联度不高，即$\overline{M_c}$较大时，在良溶剂中，Q 值可超过 10，此时 φ_2 很小。因此可将 $\ln\varphi_1=\ln(1-\varphi_2)$ 近似展开并略去高次项，代入式（3-50），结果得：

$$\overline{M_c}=\frac{\rho\widetilde{V}_1 Q^{\frac{5}{3}}}{\frac{1}{2}-\chi_1} \tag{3-52}$$

所以，在已知、ρ、χ_1 和 $\widetilde{V}_1$ 的条件下，只要测出样品的溶胀度 Q，利用式（3-52）就可以求得交联聚合物在两交联点之间的网链平均分子量$\overline{M_c}$。显然，$\overline{M_c}$的大小表明了聚合物交联度的高低。$\overline{M_c}$越大，交联点间分子链越长，表明聚合物的交联程度越低；反之，$\overline{M_c}$越小，交联点间分子链越短，交联程度就越高。

可采用两种方法测定溶胀度。一种是体积法，即用溶胀计直接测定样品的体积，隔一段时间测定一次，直至所测的样品体积不再增加，表明溶胀已达到平衡；另一种方法是质量法，即跟踪溶胀过程，对溶胀体称重，直至溶胀体两次质量之差不超过 0.01g，此时可认为体系已达溶胀平衡。溶胀度按下式计算：

$$Q=\frac{m_1/\rho_1+m_2/\rho_2}{m_2/\rho_2} \tag{3-53}$$

式中，m_1 和 m_2 分别为溶胀体中溶剂和聚合物的质量；ρ_1 和 ρ_2 分别为溶剂的密度和聚合物在溶胀前的密度。

【实验仪器和试剂】

溶胀计 1 个	烧杯（50mL）1 个
恒温水槽 1 套	镊子 1 把
大试管（带塞）2 个	不同交联度的天然橡胶样品若干
分析天平 1 台	苯若干

【实验步骤】

1. 体积法

（1）溶胀计内液体的选择

溶胀计如图 3-21 所示，较粗的、垂直的管为主管，下方的支管为毛细管。测定时所用液体一般选用与待测样品不会发生化学及物理作用（如化学反应、溶解等）的液体，并要求经济易得，挥发性小，毒性小。本实验采用蒸馏水，为了减少液体表面张力，更好地使待测固体样品表面湿润，可在管中加入几滴酒精。

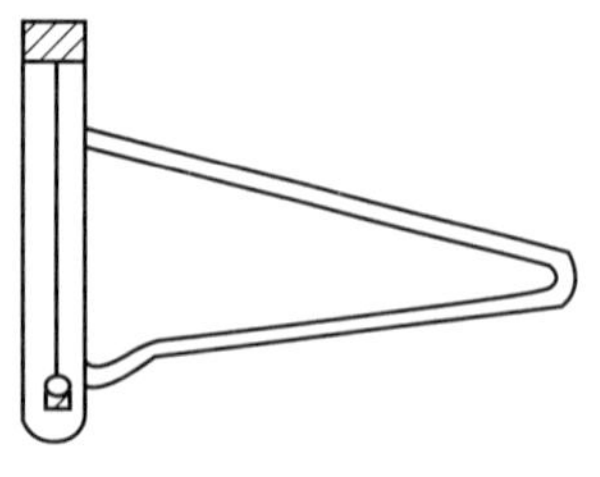

图 3-21 溶胀计

(2) 溶胀计体积换算因子的测量

为了确定主管内体积的增加与毛细管内液面移动距离的对应值 A，可以用已知密度的金属镍小球若干个，称量并求出其体积 V(mL)，然后放入膨胀计中读取毛细管内液面移动距离 L(mm)。这样便求得体积换算因子 $A=V/L(\mathrm{mL \cdot mm^{-1}})$。

(3) 溶胀前天然橡胶样品体积的测定

将待测样品放入金属小篓内，赶尽毛细管内气泡，放入溶胀管，读取毛细管内液面移动的距离（即此时毛细管液面读数与未放入样品前毛细管液面读数之差），再乘以 A 值所得的积即为主管内体积增量，也就是样品的体积。

将已测出体积的样品放入大试管（试管较粗，确保能方便地取出溶胀后的样品）内，倒入溶剂苯（溶剂量约至试管 1/3 处）。将装有样品及溶剂的试管用塞子塞紧并置于恒温槽内，在恒温 25℃下溶胀。

(4) 溶胀后样品体积的测定

先用滤纸轻轻将溶胀样品表面的多余溶剂吸干，然后用同样的方法测出溶胀样品的体积。溶胀前样品体积为 V_1，溶胀后测得其体积为 V_2，则 $\Delta V=V_2-V_1$ 为试样体积的增量，也即样品所吸入溶剂的体积。这样每隔一定时间测定一次样品体积，一般开始间隔短些（可以 2h 一次），以后可适当长些（一天 2 次），直至样品体积不再增加，达到溶胀平衡为止。

2. 质量法

(1) 溶胀前天然橡胶样品质量的测定

在分析天平上先将空称量瓶称量，然后往称量瓶中放入一块天然橡胶样品，再称量，求出样品的质量。将称量后的样品放入大试管内，加入苯（溶剂量约至试管 1/3 处），盖紧试管塞，然后将试管放入恒温水槽中溶胀。

(2) 溶胀后样品质量的测定

以后每隔一段时间测定一次样品质量，每次都要轻轻地取出溶胀体，迅速用滤纸吸干样品表面附着的溶剂，立即放入称量瓶中，盖紧瓶塞后称重，然后再放回溶胀管中继续溶胀。直至两次称出的质量之差不超过 0.01g，即认为溶胀过程达到平衡。

【实验数据及实验结果】

1. 体积法

(1) 体积换算因子的计算

镍球的质量 $m=$______ g，镍球的体积 $V=$______ mL；

毛细管液面移动距离 $L=$______ mm；体积换算因子 $A=$______ $\mathrm{mL \cdot mm^{-1}}$

(2) 体积法实验数据

测定量	溶胀前	溶胀后				
						平衡时
L/mm						
V/mL						
ΔV/mL						

(3) 计算聚合物在溶胀体中的体积分数 φ_2、溶胀度 Q 值及网链平均分子量　先根据

测定数据计算出聚合物在溶胀体中的体积分数和溶胀度 Q 值，再按式（3-52）计算出聚合物中两交联点之间网链的平均分子量$\overline{M_c}$。

已知，天然橡胶-苯体系在 25℃时，苯的摩尔体积 $\widetilde{V}=89.4\text{cm}^3\cdot\text{mol}^{-1}$，高分子-溶剂相互作用参数 $\chi_1=0.437$，聚合物密度 $\rho_2=0.9734\text{g}\cdot\text{cm}^{-3}$。

2. 质量法

（1）质量法实验数据

空瓶质量________ g，原始样品质量________ g

称重	溶胀前	溶胀后				
						平衡时
空瓶+样品/g						
样品/g						
溶胀体中的溶剂/g						

（2）计算聚合物的溶胀度 Q 值及网链平均分子量　根据式（3-53）计算聚合物的溶胀度 Q 值，再代入式（3-52）计算出聚合物中两交联点之间网链的平均分子量$\overline{M_c}$。

已知 25℃下苯的密度 $\rho_1=0.88\text{g}\cdot\text{cm}^{-3}$，天然橡胶的密度 $\rho_2=0.9734\text{g}\cdot\text{cm}^{-3}$。

【思考题及实验结果讨论】

1. 用溶胀法测定交联聚合物的交联度有什么优点和局限性？

2. 样品交联度过高或过低对测定结果有何影响？为什么？

3. 从高分子结构和分子运动角度讨论线型聚合物、交联聚合物在溶剂中的溶胀情况有何区别？

4. 本实验所得结果是否令人满意？实验中出现了什么问题？其原因可能是什么？

【注意事项】

由于聚合物达到溶胀平衡的时间很长，要好几天的时间，因此保持恒温水箱的正常工作特别重要，应时时关注恒温水箱的控温情况，保证控温和恒温的精度。

实验 27　高聚物的电性能测定

高聚物的电性能是指高聚物在外加电场或电压的作用下所表现出来的行为，包括在交变电场中的介电性质、在弱电场中的导电性质、在强电场中的击穿现象、材料表面的静电性质等。高聚物材料在工程技术应用中需要满足不同的电性能要求，例如，制造电容器要求介电损耗尽可能小，而介电常数尽可能大；仪器绝缘要求比电阻高，而介电损耗低；在高频干燥、薄膜的高频焊接、大型制件的高频热处理中，要求介电损耗适当大些；无线电遥控技术需要高频乃至超高频的绝缘材料；纺织上为了除去静电而希望材料具有一定的导电性等。因此，研究高聚物的电性能具有重要的实际意义。研究高聚物的电性能也具有重要的理论意义，因为电性能往往相当灵敏地反映了材料内部结构的变化和分子运动状况，例如，当温度一定时，在某一个频率范围内观测高聚物介电损耗的变化，在介电损耗出现极大值的地方都对应着高聚物中不同尺寸运动单元的偶极子在电场中的松弛损耗，而且电性能的测量方法可以有很宽的频率范围，使电性能测试成为研究高聚物结构和分子运动的一种有力的手段。

塑料是一种常用的高聚物材料，其电性能的特点之一是电绝缘性能良好。作为绝缘材料使用时，应当测定其比表面电阻、比体积电阻、击穿电压、介电损耗和介电常数等。本实验中采用超高电阻测试仪测定塑料的比表面电阻和比体积电阻；用高频 Q 表测定塑料的介电损耗和介电常数。

Ⅰ. 比表面电阻和比体积电阻的测定

【实验目的】

1. 了解用超高电阻测试仪测定塑料的比表面电阻、比体积电阻的测试原理。
2. 初步掌握超高电阻测试仪的使用方法。
3. 测定两种塑料试样的比表面电阻及比体积电阻，并判断其绝缘性能的优劣。

【实验原理】

在高聚物的分子结构中，原子的最外层电子是以共价键形式与相邻原子结合。当处于外电场中时，绝大多数高聚物不具有自由电子和离子，因而导电能力很差，可作为优良的电绝缘材料使用。根据理论计算，高聚物绝缘材料的电导率仅有 $10^{-25}\Omega^{-1}\cdot cm^{-1}$，而实际测得的数据往往比此值要大几个数量级，因此可以认为高聚物绝缘材料中的载流子来自其结构以外的因素。实际上，在制备和加工高聚物的过程中，总是难免引进一些缺陷或低分子杂质，从而产生微量的可穿过绝缘体内部或表面的电导电流，正是这些杂质（少量没有聚合的单体、微量的添加剂、特别是水汽等）为高聚物绝缘体提供了载流子的来源。

高聚物绝缘性能的优劣可以用电阻率的大小来衡量，电阻率越大，说明其绝缘性能越好。为了便于比较，一般把测得的表面电阻和体积电阻换算成比表面电阻和比体积电阻。

将平板状试样放在两电极之间时，施于两电极上的直流电压与流过电极之间试样表面层上的电流之比，称为表面电阻（R_S）。若试样为 $1cm^3$ 的正方体，则此时的 R_S 值就是该试样的比表面电阻（也称为“表面电阻率”或“表面电阻系数”），其单位为 Ω，用 ρ_S 表示：

$$\rho_S = R_S\frac{l}{d} \tag{3-54}$$

式中，l 为电极的长度；d 为电极之间距离（或平板试样的厚度）。

同理，施于两电极的直流电压与流过电极之间试样体积内的电流之比，称为体积电阻（R_V）。若试样为 $1cm^3$ 的正方体，则此时的 R_V 值就是该试样的比体积电阻（也称为“体积电阻率”或“体积电阻系数”），其单位是 Ω·cm，用 ρ_V 表示：

$$\rho_V = R_V\frac{S}{d} \tag{3-55}$$

式中，S 为电极的面积。一般，电介质的比体积电阻大于比表面电阻，这是由于表面上积聚有尘土或水汽所致。

高聚物材料的比表面电阻和比体积电阻与高分子的极性结构有关，非极性或弱极性的高分子材料（例如，聚苯乙烯、聚乙烯等）的比体积电阻均在 $10^{14}\Omega \cdot cm$ 以上；而多数极性高聚物（例如，尼龙、酚醛树脂等）的比体积电阻一般在 $10^{14}\Omega \cdot cm$ 以下。本实验后的表 3-8 中列出了一些高聚物的比体积电阻和比表面电阻的数值范围。

超高电阻测试仪（ZC36 型）的主要测试原理如图 3-22 中所示。测试时，被测试样的电阻 R_x 与高阻抗直流放大器的输入电阻 R_0 串联，并跨接于直流高压测试电源上。放大器将其输入电阻 R_0 上的分压信号经放大后输出给指示仪表 CB，由指示仪表可直接读出 R_x 值。

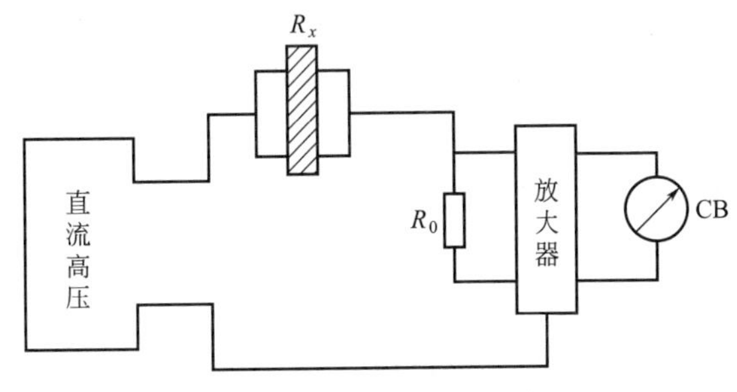

图 3-22　超高电阻测试仪

实验中所用试样可采用直径为 50mm、100mm、150mm 的标准圆片形试样，或是采用 $50\times50mm^2$、$100\times100mm^2$、$150\times150mm^2$ 的方板形试样。本实验中采用标准圆片形试样。

测量平板状试样的电极形状如图 3-23 所示。环电极和测量电极贴在试样的同一面上，外电极贴在试样的另一面上，三个电极必须保持同心。

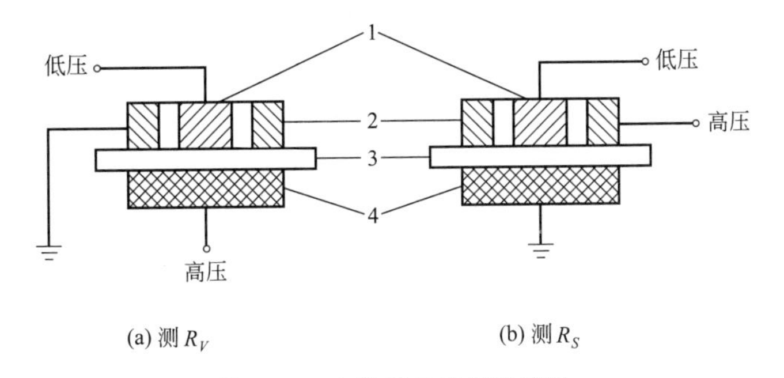

(a) 测 R_V　　(b) 测 R_S

图 3-23　电极形状及接线情况

1—测量电极（或称为上电极）；2—环电极（或称为保护电极）；
3—被测试样；4—外电极（或称为高压电极，下电极）

在使用如图 3-23 所示电极的情况下，上述式（3-54）和式（3-55）可变换为下列形式：

$$\rho_S = R_S \times \frac{2\pi}{\ln(D_2/D_1)} \tag{3-56}$$

在使用如图 3-22 所示电极的情况下，上述式（3-54）和式（3-55）可变换为下列形式：

$$\rho_V = R_V \times \frac{\pi D_1^2}{4d} \tag{3-57}$$

式中，D_1 为测量电极的直径；D_2 为环电极的内径。

【实验仪器和试剂】

超高电阻测试仪（简称高阻仪）1 台

秒表 1 块

千分尺 1 把

绸布（擦拭试样用）1 块

圆片形有机玻璃试样 3 块

圆片形低压聚乙烯试样 3 块

乙醇若干

凡士林（医用）若干

【实验步骤】

1. 用绸布蘸上乙醇将试样擦拭干净，以除去表面上的杂质。用千分尺测量三次试样的厚度（精确到 0.01mm），取其平均值。

2. 打开电极箱，把试样与三个电极之间用接触电极相连接，接触电极可采用导电橡胶或锡箔纸制作（此时将试样上涂一层薄而均匀的医用凡士林或纯净的变压器油，再把锡箔纸紧紧贴上，其间不可有气泡或其他杂质），在电极之间不可有油污，各个电极之间连接好接线夹，关上电极箱。

3. 将电极箱的接地端接地，测量端与仪器的测量端相连接，高压端与仪器的高压端相连接。此时可通过转换仪器上的体积电阻-表面电阻转换开关位置来分别测定试样的 R_V 值和 R_S 值。

4. 将仪器上的测试电压开关置于最低电压挡“10”；倍率选择开关置于最低倍率挡“1×10^2”；放电-测试开关置于“放电”位置；电源开关置于“断”的位置；输入短路开关置于“短路”的位置；极性开关置于“0”位置。

5. 打开仪器的电源开关。仪器预热 30min 后，将极性开关置于“+”位置（只有在测试负极性微电流时才置于“−”位置）。检查仪器的零点，若指针不在∞或 0 处，则调节“∞及 0”电位器，使指针指在∞或 0 位置不再变动，此时说明仪器内电子管工作稳定。将倍率开关旋转至“满度”位置；输入短路开关拨向“开”，此时指针将从∞位置指向满度，若不到位，可调节“满度”电位器使之达到满度，再把倍率开关拨回到“1×10^2”位置，如此反复多次，即把仪器的满度校正好了。在测试中应经常检查满度，以保证仪器的测试精度。

6. 选择好测试电压挡。一般测试兆欧电阻值时，测试电压不超过 100V；当被测电阻高于 $10^{10}\,\Omega$ 时，试样必须置于屏蔽电极箱内，采用 1000V 的测试电压。本实验采用 1000V 测试电压。

7. 将放电-测试开关置于“测试”位置，输入短路开关置于“短路”位置，使试样充电一定的时间（一般约 15s，对于电容量大的试样可适当延长充电时间）。

8. 打开输入短路开关，此时指针应有指示，且指示值最好在 1～10 之间。若发现指示值很小或无读数，可将倍率选择开关升高一挡，当改变倍率时，所有的旋钮都必须置回到原始位置，并重复第 6、7 步骤中的操作，直至读数清晰为止；若指针很快打出满度，则应立即把输入短路开关置回到“短路”位置，待查明原因后再继续进行实验。一般，可读取合上测试开关后 1min 时的读数作为试样的绝缘电阻值。

9. 当一个试样测试完毕，将放电-测试开关拨向“放电”位置，输入短路开关拨向“短路”位置，等待试样放电 1min 后，才能取出试样。

10. 按照上述操作测定出所有试样的 R_V 值和 R_S 值。

11. 关闭仪器电源，整理好实验用品。

【实验数据及实验结果】

1. 高阻仪型号：________；$D_1=5\text{cm}$；$D_2=5.4\text{cm}$

2. 将所测得的试样厚度数据记录在下列表中。

试样名称		有机玻璃			低压聚乙烯		
试样厚度/mm	试样 1						
		平均值			平均值		
	试样 2						
		平均值			平均值		
	试样 3						
		平均值			平均值		

3. 将测定出的各个试样的电阻值数据记录在下列表格中，并计算出相应的比表面电阻和比体积电阻。注意被测试样的绝缘电阻值 R（R_V 或 R_S）的具体数值应为：

$$R=\text{表上读数}\times\text{倍率系数}\times\text{测试电压系数}\times10^6(\Omega)$$

$$\text{测试电压系数}=\text{测试电压}/1000$$

试样名称		有机玻璃			低压聚乙烯		
试样编号		1	2	3	1	2	3
比表面电阻测定	测试电压/V						
	倍率系数						
	表上读数						
	表面电阻 R_S/Ω						
	ρ_S/Ω						
	ρ_S 平均值/Ω						
比体积电阻测定	测试电压/V						
	倍率系数						
	表上读数						
	体积电阻 R_V/Ω						
	$\rho_V/\Omega\cdot\text{cm}$						
	ρ_V 平均值/$\Omega\cdot\text{cm}$						

【思考题及实验结果讨论】

1. 是否可将测量电极直接置于高聚物试样上面来测试其电性能？应该对试样及电极做何处理？为什么？

2. 在测试高聚物试样的比表面电阻和比体积电阻时，若发现指针位置不断上升，应如何读数？为什么会有指针不断上升的现象？

3. 根据实验结果，有机玻璃和低压聚乙烯何者的绝缘性能较好一些？可否从分子结构上进行解释？

4. 本实验所得结果是否令人满意？实验中出现了什么问题？其原因可能是什么？

【注意事项】

1. 在打开仪器的电源开关时若发现指示灯不亮，应立即关闭电源，待查明原因后方可使用。

2. 测试读数时，若指针急速超过满度，则立即将输入短路开关拨到“短路”位置，放电-测试开关拨到“放电”位置，并应切断电源进行检查，其原因有可能：一是因为试样被击穿，电极短路，因而输入信号过大；二是因为选择倍率过大，因而输入信号过大。

查明原因并设法消除障碍后再进行实验。

3. 由于使用了1000V的高压，在测试过程中，人体各部位都不可触及高压红色接线，以免触电。测试完毕，一定要先使试样放电1min后再取出试样。

4. 在测试过程中，电极不准相碰，以免电极短路，造成设备事故。

5. 在进行实验之前，应检查测试一下环境的温度和湿度是否合适，尤其是当环境湿度高于80%时，测量较高绝缘电阻（$>10^{10}\Omega$）及电流小于10^{-8}A时，微电流可能会导致较大的误差。

Ⅱ. 介电常数和损耗角正切的测定

【实验目的】

1. 了解用高频Q表测试高聚物的介电常数和介电损耗的基本原理。
2. 学会高频Q表的使用方法。
3. 用高频Q表测定出有机玻璃试样的介电常数和损耗角正切。

【实验原理】

电介质的介电常数ε是指电容器极板之间为该介质时的电容C与电容器极板之间为真空时的电容C_0之比值：

$$\varepsilon=\frac{C}{C_0} \tag{3-58}$$

它表征了电介质贮存电能的能力大小，是电介质材料的一个十分重要的指标。随着电子技术的发展，要求电容器的单位体积内有更大的贮电能力，因而需要使用介电常数较大的高分子材料。

某种电介质的介电常数大小由该物质在外电场作用下可极化的程度所决定。介质分子在受到外电场作用时，其分子中的电荷分布将发生相应的变化，从而产生一个附加的分子偶极矩，而极性分子还要沿外电场方向取向排列，使这种介质呈现极性，这就是极化。按照极化机理不同，可分为电子极化、原子极化和取向极化三类。

电子极化是由于分子中各原子的价电子在外电场作用下向正极方向偏移，发生电子云相对于分子骨架的移动，从而使分子的正负电荷中心位置发生变化引起的。电子极化所需时间极短，约为$10^{-15}\sim10^{-13}$s，并且当外电场消失后即可完全复原，几乎不消耗能量。

原子极化是由于分子中电负性不同的原子在外电场作用下偏向外电场的正极或负极，从而使分子骨架发生变形，使分子的正负电荷中心位置发生变化所造成的。原子极化所需时间在10^{-13}s以上，并伴随有微量的能量损耗。

取向极化是指具有永久偶极的极性分子在外电场作用下沿外电场方向排列，产生分子的取向现象。取向极化需要克服分子本身的惯性和旋转阻力，因而所需时间较长，约为10^{-9}s，同时要消耗一定的能量。

介质的极化程度与分子的结构有关，分子的极性越大，极化程度越大，则介电常数也越大。含有极性基团的高聚物的介电常数比不含极性基团的高聚物的介电常数要大；而一般侧基上的极性基团比主链上的极性基团对介电常数的影响大。可参看表 3-9 中列出的一些高聚物的介电常数。

由于各种极化所需时间不同，在不同的频率范围内出现不同的极化，因而外加电场的频率对介质的极化情况影响很大，在不同频率的交变电场中所测得的介电常数也不同。在低频电场中，三种极化都跟得上电场的变化，介电常数具有静电场下的数值 ε_0；当外电场的频率增高时，首先是取向极化跟不上电场的变化，使介电常数下降；当频率进一步增高时，原子极化也显得跟不上电场的变化，介电常数进一步下降；在高频电场中，只能发生电子极化，介电常数达到最小值 ε_∞。高聚物的介电常数与电场频率的关系如图 3-24 所示。因此，工业鉴定标准都选用在工频（50Hz）与高频（10^6Hz）下测定的介电常数。

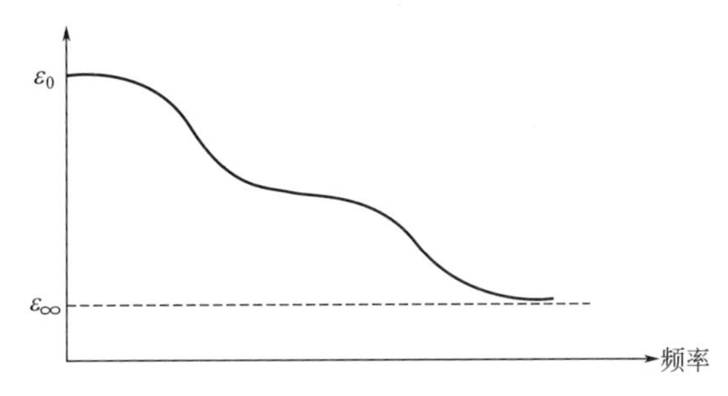

图 3-24　高聚物介电常数与电场频率的关系

一般，电介质在交流电场中由于介质的极化跟不上电场的变化，吸收一部分电能而发热损失掉部分电能的现象，称为介电损耗。介电损耗的大小可用介质的损耗角正切（$\tan\delta$）来表示：

$$\tan\delta=\frac{\text{每个周期内介质损耗的能量}}{\text{每个周期内介质贮存的能量}} \tag{3-59}$$

$\tan\delta$ 值越大，表明材料在交变电场中的能量损耗越大。

当高聚物作为电工绝缘材料或电容器材料使用时，要求其 $\tan\delta$ 值要小，否则不但会浪费大量的电能，而且还会引起高聚物材料发热老化。而作为高频干燥、高频焊接等场合的材料使用时，则要求高聚物的 $\tan\delta$ 值大一些为好。

高聚物的极性大小和极性基团的密度，对其介电损耗起决定作用。通常极性高分子的 $\tan\delta$ 值处于 10^{-2} 数量级，而非极性高分子的 $\tan\delta$ 值处于 10^{-4} 数量级。表 3-10 中列出了一些高聚物的 $\tan\delta$ 数据。

高聚物材料的损耗角正切除了与材料本身的成分、结构有关以外，还与电流的频率、温度等因素有密切关系，因而成为研究高聚物内部结构及精细转变的一种有效方法。

高频 Q 表是用来测定高频的各种无线电回路及其元件部分技术特性的一种仪器，主要是用来测定线圈的品质因数 Q 值，也可直接测定线圈的电感量和电容器的电容量，从而通过计算求得材料的损耗角正切和介电常数。所有这些测量都是利用电路的谐振原理来实现的。在如图 3-25 所示的一个交流电回路中，线圈 L、电阻 R、电容 C 均为串联，回路中电流的有效值（或振幅值）I 等于：

$$I=\frac{E}{\left[R^2+\left(\omega L-\frac{1}{\omega C}\right)^2\right]^{1/2}} \tag{3-60}$$

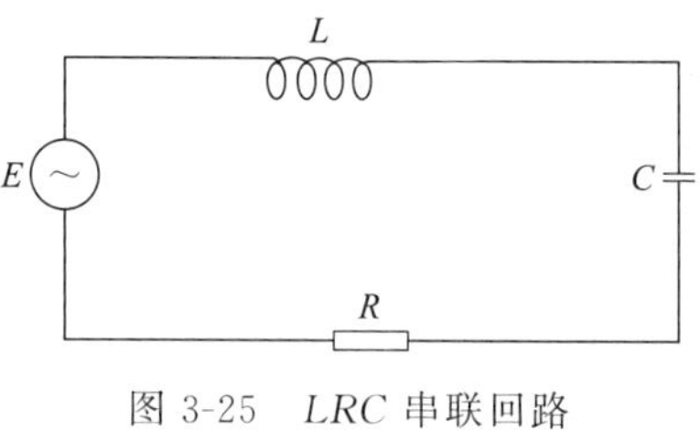

图 3-25 *LRC* 串联回路

式中，E 为电源电动势；ω 为电源的角频率。可见，当回路中的元件不变时，在相同的 E 值下，I 值取决于 ω 值，并且只有当 ω 值满足下式时 I 才取得最大值：

$$\omega=\omega_P=(LC)^{-1/2} \tag{3-61}$$

式中，ω_P 称为回路谐振角频率。上式的条件是阻抗和容抗相等，即在这种回路条件下 L 和 C 的影响相互抵消，回路中电流与电压同相，这种现象称为谐振。当然，也可通过固定 ω 值而改变 L 和 C 的方法，来得到回路的谐振。

高频 Q 表测试原理如图 3-26 所示，它主要包括高频振荡器、LC 谐振回路、电子管电压表和稳压电源。当回路发生谐振时，试样两端的谐振电压 E_x 比电阻 R_0 两端的电压 E_0 高 Q 倍，若将 E_0 调节在一定数值上，则可从测量 E_x 的电压表上直接读出品质因数 Q 值。若回路中不加试样时，回路的能量损耗小，Q 值最高；加了试样后，Q 值降低。若分别测定不加试样与加上试样时的 Q 值（分别用 Q_1、Q_2 表示），以及相应的谐振电容 C_1、C_2，则可用下列公式计算出试样的介电常数和损耗角正切：

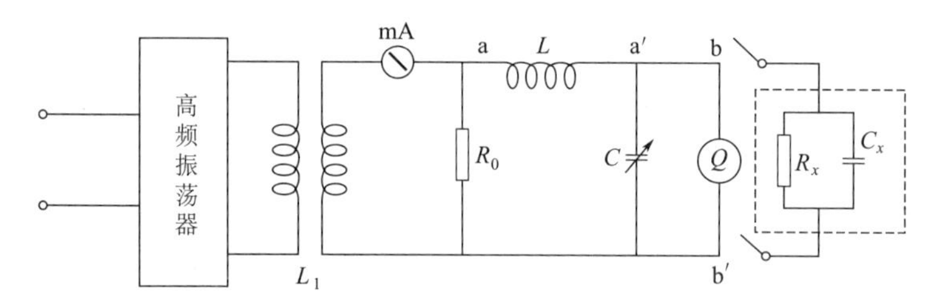

图 3-26 高频 Q 表测试原理图

L_1— 耦合线圈；L—标准电感线圈；mA —热偶式毫安计；

Q—与可变电容并联的真空管伏特计；C_x—被测试样

$$\varepsilon=\frac{11.3\times h(C_1-C_2)}{S} \tag{3-62}$$

$$\tan\delta=\frac{C_1(Q_1-Q_2)}{Q_1Q_2(C_1-C_2)} \tag{3-63}$$

式中，h 为试样的厚度，cm；S 为试样与电极的接触表面积，cm^2；电容的单位采用 PF（微微法拉）。若试样面积大于直径为 D（cm）的电极的面积时，可直接用下式计算介电常数：

$$\varepsilon=\frac{14.4\times h(C_1-C_2)}{D^2} \tag{3-64}$$

【实验仪器和试剂】

高频 Q 表 1 台

千分尺 1 把

脱脂棉若干

标准圆片形有机玻璃试样 3 块

无水乙醇若干

【实验步骤】

1. 用蘸有无水乙醇的棉球将试样表面擦拭干净。用千分尺测量其厚度三次，取平均值。采用铝箔或真空镀铝为电极。

2. 打开稳压器电源。开启高频 Q 表的电源开关，使仪器预热 15min。

3. 从“标准电感箱”内选择合适的电感线圈，本实验选用 LK-9（谐振频率范围 720～2250kHz）标准电感线圈，使它在测试频率等于 1000kHz 时使回路达到谐振。将选好的线圈接在 $L(aa')$ 接线柱上。

4. 调整波段开关和频率读数旋钮，使刻度盘指在 1000kHz（即 10^6 周/秒）的位置。

5. 旋转可变电容 C，使远离谐振点。调节 Q 值零位校正旋钮和定位零位校正旋钮，使 Q 表指针和定位表指针位于零点。

6. 通过调节 Q 表倍率“定位粗调”旋钮，使定位指针指在“$Q\times1$”刻度附近，再调节“定位细调”旋钮，使定位表的指针恰好稳定在“$Q\times1$”处。

7. 将“Q 值范围”开关放置在合适的位置（本实验采用 20～300），然后调节电容读数和电容微调旋钮，使测量回路达到谐振，这时的 Q 表指针达最大偏转，记录下 Q 表所指读数 Q_1 及 C_1。

8. 将电容微调旋钮调回到零，再把可变电容调至远离谐振点位置，然后将试样接在 bb′测量接线柱。

9. 重复上述第 6、7 步骤的操作，不过此次所记录下的读数为 Q_2 及 C_2。每个试样重复测试三次，并要求数据平行。

10. 测试完毕，将仪器上的各个旋钮开关旋回到其原来位置。关闭电源开关和稳压电源。整理好实验用品。

【实验数据及实验结果】

1. 试样名称：________；标准电感线圈：________；

谐振频率：________ Hz；电极直径 D：________ cm；

试样直径：________ cm；

试样厚度 h：____、____、____，平均值=________ cm

2. 将测定出的数据记录在下页所示的表格中，并计算出高聚物试样的介电常数和损耗角正切。

试样编号	测试次数	C/PF		Q		ε	tanδ
		C_1	C_2	Q_1	Q_2		
1	1						
	2						
	3						
	平均						
2	1						
	2						
	3						
	平均						

续表

试样编号	测试次数	C/PF		Q		ε	$\tan\delta$
		C_1	C_2	Q_1	Q_2		
3	1						
	2						
	3						
	平均						

【思考题及实验结果讨论】

1. 高聚物的介电常数和损耗角正切大小反映了其什么性能?

2. 能否用上述测试仪器测定出高聚物的玻璃化温度和次级转变温度? 如何进行这种测试?

3. 高聚物分子的极性及外电场的频率对介电常数和损耗角正切有何影响?

4. 本实验所得结果是否令人满意? 实验中出现了什么问题? 其原因可能是什么?

【注意事项】

1. 在被测试样和测试电路的接线柱之间的接线应该尽量短和足够粗，并要接触良好可靠，以减少因接线的电阻和分布参数所带来的测量误差。

2. 被测试样不要直接搁在仪器面板顶部，必要时可用低损耗的绝缘材料做成衬垫物加以衬垫。

3. 测试时不要把手靠近试样，以避免人体感应影响而造成的测量误差。

4. 所用仪器应安放在水平的工作台上，校正定位指示电表和 Q 值指示电表的机械零件；接通电源后应预热 15min 以上，待仪器稳定后方可进行测定。仪器调整后不要随便乱动。

5. 电极和试样要经过擦拭后才能进行测试。

表 3-8 一些高聚物的比体积电阻和比表面电阻数值范围

高聚物名称	$\lg\rho_V$	$\lg\rho_S$
聚四氟乙烯	17～21	12～17
聚苯乙烯	17～21	>17
高压聚乙烯	16～20	>14
低压聚乙烯	约 16	12～17
聚砜	约 17	
聚碳酸酯	16	13
聚丙烯	18	15
聚甲基丙烯酸甲酯	15	14
聚甲醛	14～15	>13
ABS	12～17	
聚氯乙烯(硬)	13～15	12～13
硅橡胶	11	
酚醛(无填料)	11～12	12～13
三聚氰胺-甲醛	11～12	10～11
尼龙-6	11～15	11～14
尼龙-66	10～14	>11

表 3-9　常见高聚物的介电常数

高聚物	ε	高聚物	ε
聚乙烯	2.2	聚丙烯腈	3.1
聚四氟乙烯	2.0	聚砜	3.14
聚丙烯	2.16	聚对苯二甲酸乙二酯	3.1
聚苯乙烯	2.5	聚甲基丙烯酸甲酯	3.15
聚氯代苯乙烯	2.63	聚甲基丙烯酸乙酯	3.9
聚氯乙烯	3.05	聚醋酸乙烯酯	3.22
聚偏二氯乙烯	2.85	尼龙 1010	3.55
聚甲醛	3.1	尼龙 66	4.00
聚苯醚	2.65	酚醛塑料	5.6
聚碳酸酯	3.05	氨基塑料	7.0

表 3-10　一些高聚物的损耗角正切 tanδ 极大值 (10^3 Hz)

高聚物	tanδ	高聚物	tanδ
聚苯乙烯	3×10^{-4}	聚丙烯酸甲酯	10×10^{-2}
聚四氟乙烯	3×10^{-4}	聚丙烯酸 β-氯乙酯	9×10^{-2}
聚乙烯	3×10^{-4}	聚对位氯代苯乙烯	5×10^{-2}
聚丙烯	3×10^{-4}	聚氯乙烯	2×10^{-2}
聚碳酸酯	2×10^{-3}	聚砜	2×10^{-2}
聚甲基丙烯酸甲酯	3×10^{-2}	天然橡胶(经硫化)	10^{-2}
聚甲基丙烯酸乙酯	8×10^{-2}		

实验 28　聚合物燃烧及阻燃性能实验

Ⅰ. 聚合物氧指数的测定

高分子材料性能优越，具有其他材料所不具有的特性，在国民经济中得到广泛的应用。但由于高分子材料大多数都是含碳氢的有机结构，属于易燃或可燃材料。但不同的应用场合对所选用的高分子材料在燃烧性能上有着不同的要求，有的特殊场合为了防止火灾的发生要求使用的高分子材料要达到难燃级别。目前高分子材料种类繁多，不同结构的高分子材料燃烧性能差别很大，为了反映出不同的高分子材料的燃烧性能，通常可以通过氧指数的高低来进行表征，这样有助于更好地选择和使用高分子材料。

【实验目的】

1. 明确氧指数的定义及其用于评价高聚物材料相对燃烧性的原理。
2. 掌握氧指数测定仪的操作和工作原理。
3. 掌握高分子材料氧指数的测定方法。
4. 学会评价聚合物的燃烧性能。

【实验原理】

物质燃烧时，需要消耗大量的氧气，不同的可燃物，燃烧时需要消耗的氧气量不同，通过对物质燃烧过程中消耗最低氧气量的测定，计算出物质的氧指数值，可以评价物质的燃烧性能。所谓氧指数是指在规定的实验条件下，试样在氧氮混合气流中维持平稳燃烧所需要的最低氧气浓度，以氧所占的体积百分数表示。即：

$$[OI]=\frac{[O_2]}{[O_2]+[N_2]}\times 100\%$$

式中，$[O_2]$为测定浓度下氧的体积流量，$L\cdot min^{-1}$；$[N_2]$为测定浓度下氮气的体积流量，$L\cdot min^{-1}$。

氧指数的测定方法就是把一定尺寸的试样用试样夹垂直夹持于透明燃烧桶内，其中有按一定比例混合的向上流动的氧氮气流。点着试样的上端，观察随后的燃烧现象，记录燃烧时间或者燃烧过的长度，试样的燃烧时间超过3min或火焰前沿超过50mm标线时，就降低氧浓度，试样的燃烧时间不足3min或火焰前沿达不到标线时，就增加氧气浓度，如此反复操作，从上下两侧接近规定值，至两者的浓度差小于0.5%。

氧指数法是在实验室条件下评价材料燃烧性能的一种方法，它可以对各种材料燃烧性能作出准确、快捷的检测评价。需要说明的是氧指数法并不是唯一的判定条件和检测方法，但它的应用非常广泛，已成为评价材料燃烧性能级别的一种有效方法。一般认为，$OI<27$的属于易燃材料，$27<OI<32$属于可燃材料，$OI>32$属于难燃材料。

【实验内容】

测定聚丙烯、聚氯乙烯的氧指数，评价这两种聚合物的燃烧性能。

【实验仪器】

泰斯泰克TTech-GBT2406-1氧指数测定仪，分别由燃烧筒、试样夹、流量控制系统及点火器组成，如图3-27所示。

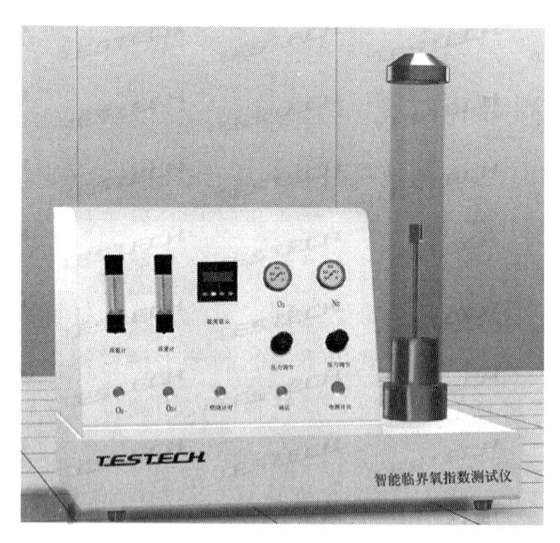

图3-27　氧指数测定仪

【实验步骤】

1. 取样

应按材料标准进行取样，所取的样品至少制备15根试样。可按GB/T2828.1—2003进行。

2. 试样尺寸和制备

依照材料的性质按照标准制备试样，模塑和切割试样最适宜的样条形状如表 3-11 所示。

表 3-11 不同材料的试样尺寸

试样形状[1]	尺寸			用途
	长度/mm	宽度/mm	厚度/mm	
Ⅰ	80～150	10±0.5	4±0.25	用于模塑材料
Ⅱ	80～150	10±0.5	10±0.5	用于泡沫材料
Ⅲ[2]	80～150	10±0.5	≤10.5	用于片材“接收状态”
Ⅳ	70～150	6.5±0.5	3±0.25	电器用自撑模塑材料或板材
Ⅴ[2]	140-5	52±0.5	≤10.5	用于软膜或软片
Ⅵ[3]	140～200	20	0.02～0.10[4]	用于能用规定的杆 d 缠绕“接收状态”的薄膜

① Ⅰ、Ⅱ、Ⅲ和Ⅳ型试样适用于自撑材料。Ⅴ型试样适用非自撑材料。

② Ⅲ和Ⅴ型试样所获得的结果，仅用于同样形状和厚度的试样的比较。

③ Ⅵ型试样适用于缠绕后能自撑的薄膜。表中的尺寸是缠绕前原始薄膜的形状。

④ 限于厚度能用规定的棒缠绕的薄膜。如薄膜很薄，需两层或多层叠加进行缠绕，以获得与Ⅵ型试样类似的结果。

3. 试样的标线

实验所用的样条属于自撑片材，在离点燃端 50mm 处画标线。

4. 试样的夹放

试样的夹放如图 3-28 所示

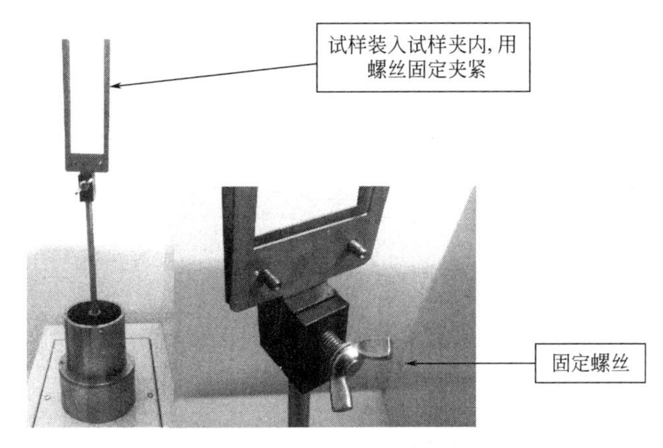

图 3-28 试样的夹放示意

5. 测定步骤

(1) 开启电源，等待触摸屏启动。开启氧气瓶及氮气瓶。氮气和氧气的压力调为 0.1MPa。

(2) 点击开机界面中实验页面按钮进入图 3-29 所示画面。

设置试样编号，系统默认总流量为 $12.1\mathrm{L\cdot min^{-1}}$（总流量依据燃烧筒 $40\mathrm{mm\cdot s^{-1}}\pm2\mathrm{mm\cdot s^{-1}}$气体流量及燃烧筒内径计算得出，如无特殊要求，请勿修改）。

(3) 选择起始氧浓度，可根据类似材料的结果选取。另外，可观察试样在空气中的点燃情况，如果试样迅速燃烧，选择起始氧浓度约为 18%（体积分数）；如果试样缓慢燃烧

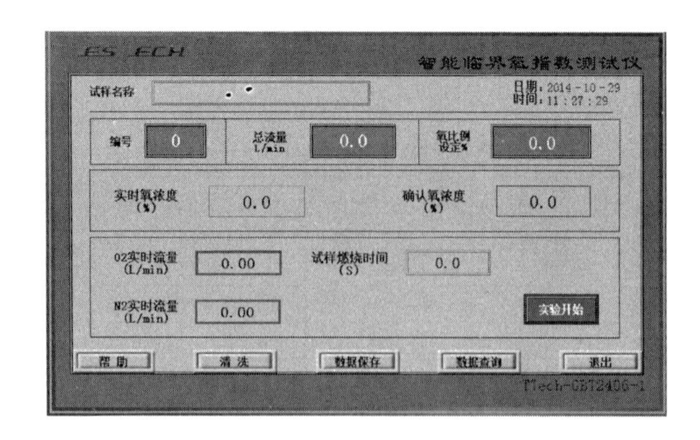

图 3-29　开机界面

或不稳定燃烧，选择的起始氧浓度约为 21%（体积分数）；如果试样在空气中不连续燃烧，选择的起始氧浓度至少为 25%（体积分数），这取决于点燃的难易程度或熄灭前燃烧时间的长短。

（4）点击设定需要实验的氧浓度值，确保燃烧筒处于垂直状态。将试样垂直安装在燃烧筒的中心位置，使试样的顶端低于燃烧筒顶口至少 100mm，同时试样的最低点的暴露部分要高于燃烧筒基座的气体分散装置的顶面 100mm。

（5）按下实验开始，氧、氮气体开始流入混合室，系统自动调整氧浓度值，此氧浓度值为氧传感器读取值。

（6）在点燃试样前至少用混合气体冲洗燃烧筒 30s，确保点燃过程中及试样燃烧期间气体流速不变（因氮气流量较大，管路中单向阀将产生振动声音，不影响实验）。点燃手持式点火器。

（7）点燃试样：用点火器从试样的顶部中间点燃（点火器火焰长度为 1～2cm），勿使火焰碰到试样的棱边和侧表面。在确认试样顶端全部着火后，立即移去点火器，开始计时或观察试样烧掉的长度。点燃试样时，火焰作用的时间最长为 30s，若在 30s 内不能点燃，则应增大氧浓度，继续点燃，直至 30s 内点燃为止。

（8）确定临界氧浓度的大致范围：点燃试样后，立即开始计时，观察试样的燃烧长度及燃烧行为。若燃烧终止，但在 1s 内又自发再燃，则继续观察和计时。如果试样的燃烧时间超过 3min，或燃烧长度超过 50mm（满足其中之一），说明氧的浓度太高，必须降低，此时记录实验现象记“×”，如试样燃烧在 3min 和 50mm 之前熄灭，说明氧的浓度太低，需提高氧浓度，此时记录实验现象记“O”。如此在氧的体积百分浓度的整数位上寻找这样相邻的四个点，要求这四个点处的燃烧现象为“OO××”。例如若氧浓度为 26%时，烧过 50mm 的刻度线，则氧过量，记为“×”，下一步调低氧浓度，在 25%做第二次，判断是否为氧过量，直到找到相邻的四个点为氧不足、氧不足、氧过量、氧过量，此范围即为所确定的临界氧浓度的大致范围。

（9）在上述测试范围内，缩小步长，从低到高，氧浓度每升高 0.4%重复一次以上测试，观察现象，并记录。

（10）根据上述测试结果确定氧指数 OI。

【实验数据】

实验数据记录

实验次数	1	2	3	4	5	6	7	8	9	10
氧浓度/%										
氮浓度/%										
燃烧时间/s										
燃烧长度/mm										
燃烧结果										

【数据处理】

根据上述实验数据计算试样的氧指数值 OI，即取氧不足的最大氧浓度值和氧过量的最小氧浓度值两组数据计算平均值。

【思考题】

1. 通过测量的氧指数值比较聚丙烯和聚氯乙烯的燃烧性能，并分析原因。

2. 如何提高实验数据的测试精度？

3. 聚合物燃烧性能的测定方法还有哪些？

Ⅱ. 聚合物水平垂直燃烧实验

【实验目的】

1. 掌握聚合物水平垂直燃烧的操作。

2. 学会评价聚合物的阻燃性能。

【实验原理】

材料水平和垂直燃烧性能实验用于测定材料表面火焰传播的快慢。按一定的火焰高度和一定的施焰角度对呈水平或垂直状态的试样定时施燃若干次，以试样点燃、灼热燃烧的持续时间和试样下铺垫的引燃物是否引燃来评定其燃烧性。将长方形条状试样的一端固定在水平或垂直夹具上，其另一端暴露于规定的实验火焰中，通过测量线性燃烧速度，评价试样的水平燃烧行为；通过测量其余焰和余辉时间、燃烧的范围和燃烧颗粒滴落情况，评价试样的垂直燃烧行为。

【实验内容】

测定聚丙烯、聚氯乙烯、阻燃聚丙烯的水平和垂直燃烧性能，评价这几种聚合物的阻燃性。

【实验步骤】

1. 试样准备

实验样品应由能代表产品的模塑样品切割而成，也可采用与模塑产品一样的工艺进行制备或采用其他适宜的方法制成。对于条状试样尺寸应为：长 125mm±5mm，宽 13mm±0.5mm，而厚度通常应提供材料的最小和最大厚度，但厚度不应超过 13mm。边缘应平滑同时倒角半径不应超过 1.3mm，也可采用有关各方协商一致的其他厚度，但要在实验报告中予以注明。

2. 试样的安放

(1) 水平燃烧实验：试样在垂直于样条纵轴处标记两条线，各自距点燃端 25mm 和 100mm 处；在离 25mm 最远端夹住试样，使其纵轴近似水平而横轴与水平面成 45°±2°的夹角；试样与下方金属网之间距离应保持 10mm±1mm 的距离，如果试样的自由端下弯不能保持此距离，则使用支撑架支撑试样以保持 10mm±1mm 距离，试样的自由端应伸出支撑架的部分近似 10mm；保持喷灯倾斜 45°，使喷灯火焰侵入试样自由端近似 6mm 的长度。当火焰前端沿着试样进展，以近似相同的速度回撤支撑架，以免影响火焰的燃烧。

（2）垂直燃烧实验：夹住试样上端 6mm 的长度，使试样下端高出水平棉层 300mm±10mm；保持喷灯纵轴垂直，使喷灯火焰保持在试样的底边中心，且喷灯与试样底部距离 10mm±1mm；如果试样容易产生滴落物，则应使喷灯倾斜 45°，且喷灯与试样底边应保持 10mm±1mm。在火焰冲击下，必要时，根据试样在燃烧情况下长度和位置的变化，移动试样夹以保持与喷灯之间的距离。

3. 打开电源，连接气路

4. 燃烧实验

（1）水平燃烧实验：点击进入实验，选择水平燃烧实验，点击“点火”按钮开始点火，同时调节流量调节阀，调节气体流量，直到有火焰产生（当喷灯拉杆未推进底部时才能点火成功）。调节气体流量，调节火焰为 20mm±2mm 的蓝焰（参考建议气体流量为 0.03L·min^{-1}），推进喷灯拉杆至最低处，引燃试样（引燃时间可以选择，标准引燃时间默认为 30s），当试样燃烧至 25mm 标志线时，按下“计时”按钮，燃烧时间开始计时，当试样火焰熄灭或燃烧至 100mm 处时，再次按下“计时”按钮。实验记录：①火焰是否燃烧至 25mm±1mm 或 100mm±1mm 处；②火焰燃烧至 25mm±1mm 和 100mm±1mm 之间，记录燃烧过的长度（L）和燃烧此长度所用的时间（t）；③若火焰燃烧通过了 100mm±1mm，则记录从 25mm±1mm 处到 100mm±1mm 处所用的时间。计算燃烧速度：$v=60L/t$，v 是燃烧速度（mm·min^{-1}），L 是燃烧过的长度（mm），t 是燃烧时间（s），根据燃烧速度对材料的燃烧性能进行评价。

（2）垂直燃烧实验

点击进入实验，选择水平燃烧实验，点击“点火”按钮开始点火，同时调节流量调节阀，调节气体流量，直到有火焰产生，调节气体流量，调节火焰为 20mm±2mm 的蓝焰（参考建议气体流量为 0.03L·min^{-1}）。推进喷灯拉杆至最低处，火焰第一次冲击试样（冲击时间可以选择，标准冲击时间默认为 10s），试样开始燃烧，火焰冲击时间结束时，蜂鸣器发出报警声提醒一声，同时拉出喷灯拉杆，第一次余焰时间开始计时，当余焰熄灭时，按下“计时”按钮结束计时，同时调整试样剩余部分与喷灯距离为 10mm±1mm，再次推进喷灯拉杆，进行第二次火焰冲击，当第二次火焰冲击结束后，蜂鸣器发出报警声提醒一声，拉出喷灯拉杆，同时气路自动关闭，第二次余焰时间、总时间开始计时，当余焰熄灭但有余辉时，再次按下“计时”按钮结束余焰计时，余辉时间开始计时，当试样没有余辉时，再一次按下“计时”按钮，结束余辉计时和总计时。实验记录：①第一次余焰时间 t_1；②第二次余焰时间 t_2；③第二次余燃时间 t_3；④样品是否燃尽；⑤实验过程中滴落的微粒是否点燃棉花。

5. 保存数据

点击“数据保存”按钮，数据会自动保存在垂直燃烧实验报告中，可点击“实验报告”按钮，查询垂直燃烧实验。

6. 结束实验

为防止剩余燃气气体流入实验室，待火焰自动熄灭后，关闭电源，清理燃烧箱。

【聚合物阻燃性能评级】

UL94 标准中，塑料阻燃等级由 HB、V-2、V-1 向 V-0 逐级递增，评价方法如下。

1. HB：UL94 标准中最低的阻燃等级。水平燃烧实验时，要求对于 3～13mm 厚的样品，燃烧速度小于 40mm・min^{-1}；小于 3mm 厚的样品，燃烧速度小于 70mm・min^{-1}；或者在 100mm 的标志前熄灭。

2. V-2：垂直燃烧实验中，对样品进行两次 10s 的燃烧测试后，火焰在 60s 内熄灭。可以有燃烧物掉下。

3. V-1：垂直燃烧实验中，对样品进行两次 10s 的燃烧测试后，火焰在 60s 内熄灭。不能有燃烧物掉下。

4. V-0：垂直燃烧实验中，对样品进行两次 10s 的燃烧测试后，火焰在 30s 内熄灭。不能有燃烧物掉下。

【思考题】

1. 评价高聚物的阻燃性。
2. 为提高高聚物的阻燃性可采取哪些措施？
3. 高聚物阻燃性的测定方法还有哪些？

第4章 高分子近代仪器分析实验

实验 29　光散射法测定高聚物的分子量

光散射法在高分子溶液的研究中占有重要的地位，根据高分子溶液对入射光的散射能力以及散射光强的浓度依赖性和角度依赖性的测定，可以计算出高聚物的质均分子量、均方旋转半径、均方末端距、高聚物-溶剂体系的第二维利系数等结构参数与热力学参数。该方法可测定的高聚物分子量范围为 10^4～10^7。

经典的光散射技术使用高压汞灯作为光源，当高聚物分子量较低时，会由于灰尘和杂质的干扰，使测量的可靠程度较差；而当高聚物分子量较高时，作图的误差增大，也使测量的精确度降低。近年发展起来的激光小角光散射仪，采用了在光强、准直性和单色性等方面都远远优于汞灯的激光作为光源，使其具有下列优点。

① 由于激光的单色性极好，使光线在空间的相干性得到改善，背景的杂散散射大大减少，因此可在 2°～7°之间进行小角度测量，而不需要进行 Zimm 双重外推，大大简化了实验操作和数据处理。而用汞灯作光源时，不能做小角度光散射实验。

② 激光光束可聚焦成极小的尺寸，使散射体积变得相当小，而在很小的散射体积内，尘粒出现的概率大大减小，即使偶然出现了尘粒，由于激光强度高而集中，使尘粒的散射容易与溶液中高分子的散射区分开来，从而使光散射测量中减少了溶液澄清的问题，消除了由于灰尘而产生的误差。而用汞灯作光源时，溶液的除尘质量好坏十分重要。

③ 用激光作光源时所需试样量很少（散射池体积小至 150μL），并且由于激光的高强度，可使溶液的浓度低至 10^{-4}～10^{-6}g·mL^{-1}，用如此低浓度的溶液进行光散射实验，即使忽略数据的浓度外推，也不会产生太大的误差，这又简化了实验和数据处理。而用汞灯光源时，需试样量 15～20mL，溶液的浓度也较高，约为 10^{-2}～10^{-4}g·mL^{-1}。

另外，激光小角光散射仪还可用作凝胶渗透色谱仪的检测器，直接测定淋出级分的质均分子量，从而无需再借助标准试样对凝胶色谱数据进行校正。

【实验目的】

1. 了解光散射法测定高聚物的质均分子量、分子尺寸和高聚物-溶剂体系的热力学参数的基本原理。

2. 了解光散射仪的基本构造和使用方法。

3. 用光散射仪测定聚苯乙烯-苯溶液体系的光散射数据，并计算出聚苯乙烯试样的质均分子量、均方末端距和第二维利系数。

【实验原理】

当一束入射光通过散射池中的溶液时（见图 4-1），一部分光沿着原来的方向继续传播，称为透射光；而在入射光方向之外的其他方向上可观察到的一种很弱的光称为散射光。散射光是由于介质分子中的电子受到入射光电磁场的作用产生强迫振动而发射的光波。散射光方向与入射光方向之间的夹角 θ 称为散射角；发出散射光的质点 O 称为散射中心，散射中心到观测点 P 之间的距离 r 称为观测距离。

若从溶液中某一分子所发出的散射光与从另一分子所发出的散射光相互干涉，则称之为外干涉；若从同一分子的不同部分所发出的散射光相互干涉，则称为内干涉。当所测溶液为稀溶液时，可不考虑外干涉。当溶质分子尺寸小于光波长的二十分之一时，不产生内干涉；当溶质分子尺寸大于光波长的二十分之一时，则产生内干涉，使散射光的光强减弱，且减弱的程度随着散射角的增大而增大。

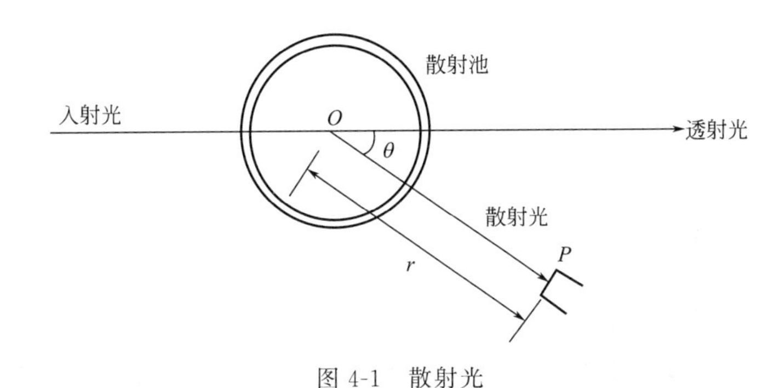

图 4-1　散射光

在假定入射光为非偏振光且无内干涉效应的前提下，由光的电磁波理论和涨落理论，可推导出单位体积溶液中溶质的散射光强 I 的表达式为：

$$I=\frac{I_0Kc(1+\cos^2\theta)}{2r^2\left(\frac{1}{M}+2A_2c\right)} \tag{4-1}$$

式中，I_0 为入射光强度；c 为溶液浓度，$g\cdot mL^{-1}$；M 为溶质的质均分子量；A_2 为第二维利系数；K 为与溶液的折光性质、入射光波长 λ、温度等有关的常数，它与溶液浓度、散射角及溶质的分子量无关：

$$K=\frac{4\pi^2n^2}{N_A\lambda^4}\times\left(\frac{\partial n}{\partial c}\right)^2 \tag{4-2}$$

式中，n 为溶液的折射率；N_A 为阿伏伽德罗常数。在实验测定中，I 值等于溶液的散射光强与纯溶剂的散射光强之差。引入反映物质光散射性质的参数——瑞利

(Rayleigh) 比 R_θ：

$$R_\theta = \frac{r^2 I}{I_0} \tag{4-3}$$

则式 (4-1) 可改写为：

$$\frac{(1+\cos^2\theta)Kc}{2R_\theta} = \frac{1}{M} + 2A_2 c \tag{4-4}$$

可见，散射光强的角度依赖性与入射光方向成轴性对称，也对称于 90°散射角。当 $\theta = 90°$时，测定散射光受杂散光的干扰最小，因此，常采用测定 90°时的瑞利比 R_{90} 来计算尺寸较小的溶质的分子量。具体测定方法是：测定一系列不同浓度溶液的 R_{90} 值，以 $Kc/2R_{90}$ 对 c 作图（应为直线），由直线的截距可求得 M 值，由直线的斜率可求得 A_2 值。

对于尺寸较大的溶质分子，必须考虑散射光的内干涉效应，它导致 $\theta < 90°$和 $\theta > 90°$的散射光强不对称，对这种不对称性进行修正之后，再考虑由于散射角的改变而引起的散射体积的变化，则可得出此时的光散射计算公式：

$$\frac{(1+\cos^2\theta)Kc}{2R_\theta \sin\theta} = \frac{1}{M}\left(1 + \frac{8\pi^2 \overline{h^2} n^2}{9\lambda^2} \times \sin^2\frac{\theta}{2} + \cdots\right) + 2A_2 c \tag{4-5}$$

式中，$\overline{h^2}$ 为溶质分子线团的均方末端距。为了方便，记上式等号左边项为 Y。此时的实验测定方法是：测出一系列不同浓度的溶液在不同散射角下的瑞利比，分别作 c 一定时的 Y-$\sin^2$ $(\theta/2)$ 图和 θ 一定时的 Y-c 图（均应为直线），并分别将这些直线外推到 $c \to 0$ 和 $\theta \to 0$ 处，再由 $c \to 0$ 直线的斜率求得 $\overline{h^2}$ 值，由 $\theta \to 0$ 直线的斜率求得 A_2 值，由这两条直线的截距(应交于同一点) 求得 M 值。作图时可采用分别作图的方法；也可采用 Zimm 作图法，即以 Y 为纵坐标，以 $\sin^2(\theta/2) + qc$ 为横坐标，把两个图合画在同一张图中，q 是任意取的常数，它对计算结果没有影响，其目的只是使图形张开成清晰的格子状。

为求出 R_θ 值，需要测定单位体积溶质的散射光强与入射光强之比，由于散射光比入射光要弱许多数量级，因而要准确测定二者的比值需要特殊的仪器，而且观测距离 r 的测定也不太方便。因此，一般都采用相对方法，即利用瑞利比已被精确测定过的纯苯作为参比标准。例如，对于波长为 546.1nm 的非偏振光，已测知 90° 角时苯的瑞利比为：$R_{90(苯)} = 1.63 \times 10^{-5}\,cm^{-1}$。当 r 和 I_0 不变的情况下，由瑞利比的定义式(4-3) 可有：

$$\frac{r^2}{I_0} = \frac{R_\theta}{I_\theta} = \frac{R_{90(苯)}}{I_{90(苯)}} \tag{4-6}$$

因此有：

$$R_\theta = R_{90(苯)} \times I_\theta / I_{90(苯)} \tag{4-7}$$

这样，只要在相同的条件下测得溶液于 θ 角时的散射光强 I_θ 和 90° 时纯苯的散射光强 $I_{90(苯)}$，就可由上式计算出溶液在 θ 角时的瑞利比 R_θ，使 I 的测定不需要绝对值，只要相对标度即可。但是，若实验中所用的溶剂不是苯，则还需要进行折射修正；若所采用的入射光波长不是 546.1nm 时，也不能采用上述 $R_{90(苯)}$ 的数据，而应该采用所用入射光波长时的 $R_{90(苯)}$ 数据。在本实验中采用苯作溶剂，用上式计算不需作折射修正，但应由指导教师根据所用入射光的波长情况告知 $R_{90(苯)}$ 数据。

在光散射实验中除了测定 R_θ 值之外，有时还需测定 K 值。由于 K 值与溶液的折射率及其随浓度的变化率、入射光波长有关，在测定 K 值时主要是采用示差折光仪来进行测定；也可借用可靠的文献 K 值。已知苯在25℃时的折射率为1.4979，当溶液很稀时可以认为它就是溶液的折射率 n；从文献中查得聚苯乙烯-苯溶液在25℃时的 $\partial n/\partial c$ 值为 $0.106cm^3 \cdot g^{-1}$。可根据上述数据计算出 K 值。

由上述可见，光散射法不仅能够测定出高聚物溶质的质均分子量，而且还可求得第二维利系数，在高聚物分子尺寸较大时还可求出高分子的均方末端距。若采用激光光源，可在 θ 较小的条件下进行光散射测定，则不必进行 $\theta \to 0$ 的外推[此时认为 $\sin^2(\theta/2) \approx 0$]，从而简化了实验和数据处理。

光散射仪主要由光源系统、恒温浴、测量系统组成。光源所发出的光，经过准直系统会聚成细而强的平行光，再经滤色片变成所需波长的单色光(若采用激光光源，则不需要滤色片)，光强可调。恒温浴是一个内装液体介质的圆柱形槽，其外面的电热丝由温度控制器控制。在恒温浴中放置盛有被测溶液的散射池。入射光从散射池中心穿过，在散射池周围有接收散射光的窗口和可移动角度的光电倍增管。光电倍增管是测量系统的核心部件，它把很弱的散射光信号转换成电信号，经直流放大系统放大后，从微安表上就可读出与散射光强成正比的光电流读数 S。此时可直接用下面的公式计算 R_θ 值：

$$R_\theta = \frac{S_\theta - S_{\theta(苯)}}{S_{90(苯)}} \times R_{90(苯)} \tag{4-8}$$

式中，S_θ 为溶液在 θ 角时的光电流读数；$S_{\theta(苯)}$ 为纯苯在 θ 角时的光电流读数；$S_{90(苯)}$ 为纯苯在散射角为90°时的光电流读数。

【实验仪器和试剂】

光散射仪(或激光小角光散射仪)1台
分析天平1台
容量瓶(10mL)2个
烧杯(50mL)1只
移液管(1mL)1支
注射器(15mL)1支
量筒(20mL)1只
5号砂芯漏斗2只
压缩空气装置(或氮气瓶)1套
电磁搅拌器1台
聚苯乙烯若干
苯若干
丙酮若干

【实验步骤】

1. 高分子溶液的制备

在10mL的容量瓶中用分析天平准确称取0.02g左右的聚苯乙烯，加入适量的苯使之溶解，在25℃下用苯稀释至刻度，即成为原始溶液，记其浓度为 c_0($g \cdot mL^{-1}$)。用砂芯漏斗借助于压缩空气(或氮气)加压过滤至另一个容量瓶中。

2. 用砂芯漏斗过滤出约15mL的苯。在散射池中放入一个搅拌子，用注射器准确量取12mL的苯放入散射池中。

3. 把光散射仪的高压旋钮调到中间位置；测量旋钮调至关闭位置；零点旋钮调至中间；灵敏度旋钮调至最低；选择所用的滤色片(若采用的是激光光源，则不需要滤色片)；

将光量旋钮调至最小。把测量散射光的 θ 角调到 90° 位置。关闭光闸。

4. 把已盛有苯的散射池放入恒温浴中。开启总电源和光源开关。打开温度控制器电源，将恒温浴的温度控制在 25℃。

5. 调节高压旋钮，使高压伏特计的电压为 800V；调节零点旋钮，使微安表指针指向 0；把灵敏度旋钮调至最灵敏位置后，再调节一次微安表的零点；打开测量旋钮，再调节一次微安表的零点。

6. 打开光闸，使散射光进入光电倍增管窗口。观察微安表读数，若读数很小，则调节光量旋钮，使其读数为 100 左右。在保持光量不变的条件下，测取散射角分别为 30°、37.5°、45°、60°、75°、90°、105°、120°、135°、142.5°、150° 的光电流读数，读完立即关闭光闸。观察所测数据是否对 90° 对称，若不对称，检查是否有灰尘影响。

7. 取出散射池，用移液管向其中加入 1mL 原始溶液（此时散射池中溶液浓度记为 c_1），在电磁搅拌器上搅拌 1min，放回恒温浴中，等待 3min 使温度复原。检查高压伏特计的电压是否保持 800V，若有变动，调至 800V，并重调微安表零点。打开光闸，读取上述各个散射角位置处的微安表读数。

8. 按照第 7 步骤中的方法测定浓度为 c_2、c_3、…、c_6 时各个散射角的光电流读数。

9. 测量结束后，立即关闭所有的开关。取出散射池，用丙酮清洗干净。整理好其他实验用具。

【实验数据及实验结果】

1. 高聚物试样名称：________；　溶剂名称：________；

光电倍增管电压：________ V；　入射光波长 λ：________；

原始溶液浓度 c_0：________ g·mL^{-1}；　恒温浴温度：________ ℃；

溶液 $\partial n/\partial c$ 值：________ cm^3·g^{-1}；　溶液折射率 n：________；

散射池中苯的体积：________ mL；　作 Zimm 图所用 q：________；

$R_{90(苯)}$ =________ cm^{-1}；　K =________ cm^2·mol·g^{-2}

2. 根据每次向散射池中所加入的原始溶液体积，计算出每次测定的散射池中溶液的浓度 c_i(i=1、2、3、4、5、6)，并将测定出的其相应的光电流读数 $S_{\theta i}$ 记录在下列表格中。表中的 $S_{\theta 0}$ 是纯苯在不同散射角时的光电流读数。

溶液浓度 /g·mL^{-1}	0	c_1	c_2	c_3	c_4	c_5	c_6
光电流读数 S	$S_{\theta 0}$	$S_{\theta 1}$	$S_{\theta 2}$	$S_{\theta 3}$	$S_{\theta 4}$	$S_{\theta 5}$	$S_{\theta 6}$
30°							
37.5°							
45°							
60°							
75°							
90°							
105°							
120°							
135°							
142.5°							
150°							

3. 根据上述所测数据，计算不同溶液浓度下各个散射角时的 R_θ 值及其他作 Zimm 图所需的数据，列入下列表格中(对应每一个浓度列出一个表)。

$i=$		$c_i=$	$\mathrm{g \cdot mL^{-1}}$
θ	$R_\theta/\mathrm{cm}^{-1}$	$\dfrac{(1+\cos^2\theta)Kc_i}{2R_\theta\sin\theta}$	$\sin^2\dfrac{\theta}{2}+qc_i$
30°			
37.5°			
45°			
60°			
75°			
90°			
105°			
120°			
135°			
142.5°			
150°			

4. 在坐标纸上作 Zimm 图，并从该图求出所测聚苯乙烯试样在 25℃ 下的质均分子量、均方末端距和第二维利系数：

$\overline{M_w}=$________；$\overline{h^2}=$________；$A_2=$________

【思考题】

1. 用光散射法测定出的质均分子量是相对值还是绝对值？

2. 作 Zimm 图时所取 q 值不同时，得出的图形也不同，但并不影响最后的结果，这是为什么？

3. 假如把所测的聚苯乙烯分子视为高斯链，则依据上述测定结果可计算出其均方旋转半径等于多少？通过比较所测聚苯乙烯分子尺寸与入射光波长的相对大小，本实验中是否应该考虑内干涉效应？

4. 光散射法中使用激光光源比使用汞灯光源有哪些优点？

5. 本实验所得结果是否令人满意？实验中出现了什么问题？其原因可能是什么？

【注意事项】

1. 由于溶液的散射光强与溶液浓度和溶质分子大小有关，因而对于分子量不同的试样要配制不同浓度的溶液，分子量越大，所需要的溶液浓度越小。

2. 使用汞灯光源时，为了保证汞灯的安全，光散射仪中可能安装有借助于冷却水推动开关的安全阀，只有先接通冷却水，启动安全阀，才能接通汞灯电源。在实验结束时，要注意关闭水源开关。

3. 微安表只能接收很微弱的信号，因此输入到微安表的信号要由小到大逐步增加。在使用之前，注意把光量调到最小，灵敏度调到最低，以防损坏表头。

4. 由于高压稳压器的稳定性较差，而此电压值对光电倍增管的放大倍数影响很大，因此测量过程中要经常进行调整，使电压保持在固定数值上。同理，微安表的零点也要经常调整。

5. 当光散射仪中的光源为汞灯时，由于灰尘粒子的尺寸远远大于溶质分子的尺寸，而测定的光电流数值是溶液中各种粒子散射光强的总和，因而灰尘的散射光会严重干扰溶液的散射光，应该重视仪器的除尘防尘。

6. 在计算过程中，要注意所用公式中各个参量单位的一致性。

实验 30　凝胶渗透色谱法测定高聚物的分子量及其分布

高聚物的基本特征之一是分子量具有多分散性，而高聚物材料的性质与分子量分布又密切相关，因此，自从合成高分子材料问世以来，人们一直在寻求测定高聚物分子量及其分布的快速而可靠的方法。凝胶渗透色谱法（简称GPC法）自1964年被首次提出后获得了极为迅速的发展和应用，成为在测定高聚物分子量及其分布方面用得较为普遍、效果也较好的测试方法。该方法是液相色谱的一个分支，它是利用高分子溶液通过填充有特种凝胶的色谱柱而把高聚物分子按尺寸大小进行分离并加以测定的方法。它不仅能够用来测定高聚物的分子量及其分布，而且可用来分析测定高分子溶液中的杂质含量，制备窄分布的高聚物试样，确定高聚物的支化度及共聚物的组成等。这种方法的优点是：测定快速、简便，重复性好，进样量少，可高度自动化，并且联有计算机，可很快获得分子量及其分布的数据。

【实验目的】

1. 了解 GPC 法测定高聚物分子量及其分布的原理。

2. 初步学会用 GPC 仪器测定高聚物分子量及其分布的操作技术。

3. 用GPC仪器测定出聚苯乙烯试样的GPC谱图，并根据GPC色谱柱的校正曲线绘出该试样的分子量分布曲线，计算其数均分子量、质均分子量以及多分散系数。

【实验原理】

1. GPC 法分离高聚物的机理

为了测定高聚物的分子量分布，首先需要将所测试样按分子尺寸大小分离成若干个级分，然后再分别测定各个级分的分子量及该级分在总试样量中所占的比重（浓度），经过数学处理，用曲线或其他形式把试样的分子量分布表达出来。

关于 GPC 法分离高聚物试样中尺寸大小不同分子的机理，目前还众说不一，其中人们用得较多的一种理论是排斥体积理论。该理论认为：GPC 仪的色谱柱中所装填的某种多孔性的微球形状的填料（例如，交联度很高的聚苯乙烯凝胶、多孔硅胶、多孔玻璃、聚丙烯酰胺、聚甲基丙烯酸、交联葡萄糖、琼脂糖等）不仅在填料颗粒之间具有一定的间隙，而且在填料内部具有许多大小不一的孔洞。当高聚物分子随着溶剂在色谱柱中从上向下流动时，由于高聚物分子的尺寸大小不同，它们能够渗透进入填料内部孔洞的能力和概率也不同，分子尺寸较小（或分子量较小）的高分子线团所能够进入的孔洞数目多于分子尺寸较大（或分子量较大）的高分子线团，因而在色谱柱中停留的时间就较长些，这样，在用溶剂不断淋洗色谱柱中的高聚物试样的情况下，尺寸大小不同的高分子在色谱柱中的

相对位置就逐渐地被拉开了(见图 4-2)。可将色谱柱中的总体积 V_t 分为三部分:

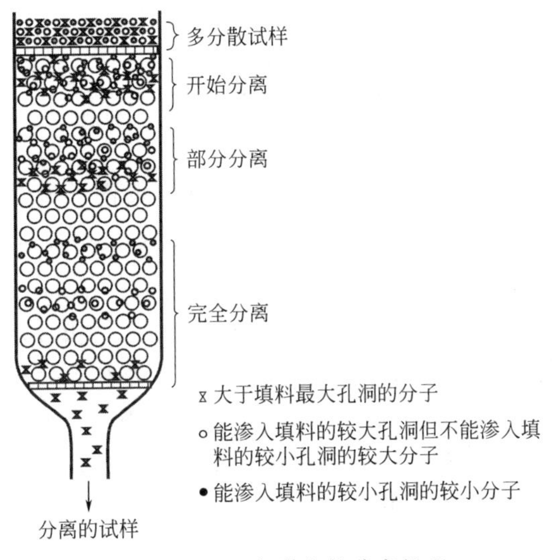

图 4-2 GPC 色谱柱的分离机理

$$V_t = V_0 + V_i + V_g \tag{4-9}$$

式中 V_0—— 填料颗粒的间隙体积;

V_i—— 填料中的孔洞体积;

V_g—— 填料本身的骨架体积。

定义某种尺寸高分子的分配系数 K_d 为:

$$K_d = \frac{V_i'}{V_i} \tag{4-10}$$

式中,V_i' 为该尺寸的高分子能够进入的填料孔洞体积。

又定义淋出体积 V_e 为:

$$V_e = V_0 + V_i' = V_0 + K_d V_i \tag{4-11}$$

若高聚物试样中尺寸较大的高分子不能进入填料中的任何孔洞,则该尺寸的高分子在色谱柱中的活动空间体积最小,为 V_0,其 K_d 值等于 0,V_e 值等于 V_0;若高聚物试样中尺寸较小的高分子能够进入填料中的所有孔洞,则该尺寸的高分子在色谱柱内的活动空间体积最多,为 V_0+V_i,其 K_d 值等于 1,V_e 值等于 V_0+V_i。上述这两种高分子是两种极端的情况,它们不能被色谱柱再加以分离;而处于这两者之间的尺寸大小的高分子则可以被色谱柱按照分子量大小分离开来,它们的 K_d 值处于 0 ~ 1 之间,其中分子量较大的高分子的 K_d 值较小,V_e 值较小,因而较先从色谱柱中被淋洗出来,而分子量较小的高分子的 K_d 值较大,V_e 值较大,因而较后从色谱柱中被淋洗出来。实验证明,高分子溶质的分子量 M 和其淋出体积 V_e 之间有下列单值对数函数关系:

$$\ln M = A - BV_e \tag{4-12}$$

式中,A、B 为与操作条件及填料有关的仪器常数,可通过实验将它们测定出来。B 值越小时,表明色谱柱的分辨率越高。

2. 凝胶渗透色谱仪及 GPC 谱图

凝胶渗透色谱仪(简称 GPC 仪)是将高聚物试样通过色谱柱分离后，连续地测定其中各个级分的分子量及其相对含量的仪器。目前国内外的 GPC 仪都已装配成具有自动化水平的仪器，但有的实验室中仍还使用简易型 GPC 仪。不论是什么型号，GPC 仪都是由输液系统、色谱柱、检测器及记录仪四大部分组成的。国产 SN-01A 型 GPC 仪的流程示意图如图 4-3 所示，它由试样和溶剂的输送系统(包括进样装置、高压精密微量输液泵、溶剂贮瓶、脱气装置、过滤器、各种调节阀和压力表等)、浓度检测器(示差折光仪)、分子量检测器(包括电工吸管和光电管等)、记录仪等部件组成。

从贮液瓶中出来的溶剂流经脱气器除去其中的气体，经由过滤器进入柱塞恒流泵，从泵中压出的溶剂分两路分别进入参比流路和样品流路，均用调节阀调节流量。参比流路的溶剂经参比柱后，通过示差折光仪的参比池，再流入废液瓶；样品流路的溶剂先通过六通进样阀将高聚物样品溶液带入样品柱后，再进入示差折光仪的样品池，然后进入虹吸式体积检测器，每流满一虹吸管后自动虹吸一次为一个级分，并以光电信号输入记录仪打一次标记(即记录一次淋出体积，因为虹吸管的体积为一个定值，淋出体积与淋出液体的虹吸管次数成正比)。示差折光仪是连续监视样品流路与参比流路之间液体折射率差值的检测器，当样品池和参比池中都是纯溶剂时，折射率差值为零，平衡记录仪的指针不动(指零)，而等速移动的记录纸使之画出一条直线(基线)。当高聚物试样经色谱柱分离后进入样品池时，溶液的折射率(n_2)与溶剂的折射率(n_1)之差($\Delta n = n_2 - n_1$)不再为零，此差值与溶液的浓度成正比，记录仪上的指针随着淋出体积的增大而不断地画出其相应的折射率差值，从而绘出 GPC 谱图(也就是 Δn-V_e 曲线)。

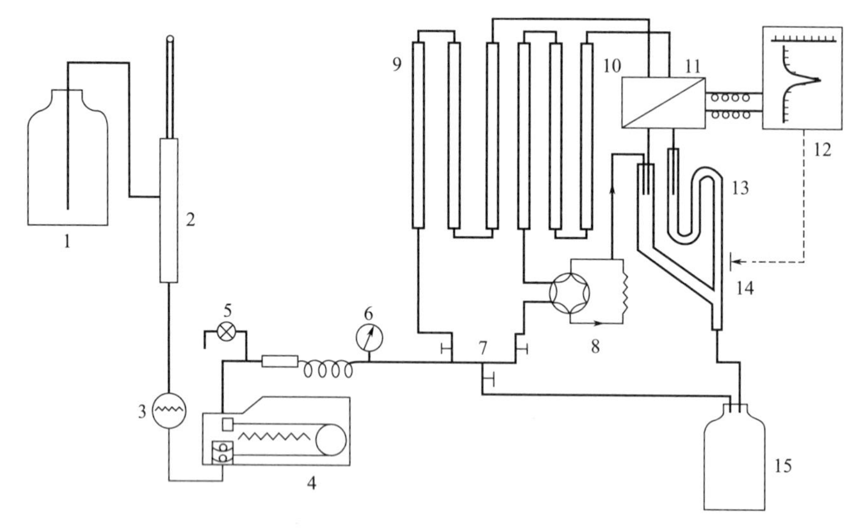

图 4-3　GPC 仪流程示意图

1— 溶剂贮瓶；2— 脱气器；3— 过滤器；4— 柱塞泵；5— 放液阀；
6— 压力表；7— 调节阀；8— 进样阀；9— 参比柱；10— 样品柱；
11— 示差折光仪；12— 记录仪；13— 虹吸管；14— 光电二极管；15— 废液瓶

对 GPC 仪器中所用的溶剂，一般要求其本身的黏度较低、沸点较高，而且不与所用的色谱柱中的填料起化学反应。针对具体的体系还有一些特殊的要求，例如，若使用示差折光仪作为检测器时，要求溶剂的折射率与高聚物试样的折射率相差较大，以提高灵敏度；若使用红外、可见光、紫外吸收等检测器时，则要求溶剂在所选用的波长范围内没有干扰；而使用火焰离子化检测器时，要求溶剂的沸点较低(相对于试样而言)，使之易于蒸发除去。检测器的灵敏度越高，对溶剂的纯度要求越高。本实验所用的示差折光仪对溶剂的纯度要求较高。本实验后面的表 4-1 中列出了一些高聚物所适用的溶剂。

3. GPC 色谱柱的校准曲线

式(4-12) 表明，色谱柱一定时，淋出体积的大小就反映了被分离开的各个高分子级分的分子量大小。而各个级分在试样中所占的比重一般可通过淋出溶液的浓度(或折射率之差 Δn) 来反映，要从所测出的 GPC 谱图(Δn-V_e 曲线) 获得分子量及其分布的结果，还需要具体从各个 V_e 值算出相应的 M 值，也就是需要知道式(4-12) 中 A、B 的具体数值。可以通过测定一系列已知分子量的单分散性高聚物标准试样的 V_e 值，把所用色谱柱的 $\ln M$-V_e 关系用图线表示出来，就是该色谱柱的校准曲线(见图 4-4)。从校准曲线中间部分直线的斜率可求出 B 值，从截距可求出 A 值。校准曲线两端各有一个色谱柱的有效极限值 M_a 和 M_b，它们分别是该色谱柱能够对高聚物试样按分子量大小进行分离的分子量上限和下限，也就是说，M_b-M_a 是色谱柱的有效分离范围，被测高聚物试样中所有高分子的分子量只有处于该范围内时，才能使该试样获得有效的分离和测定。根据校准曲线，从测定出的被测高聚物试样各级分的 V_e 数据就可获得相应的分子量 M 值。本实验的校准曲线由指导教师提供。

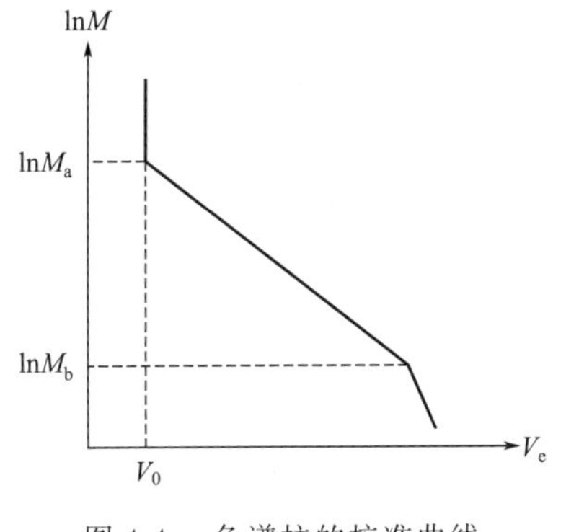

图 4-4　色谱柱的校准曲线

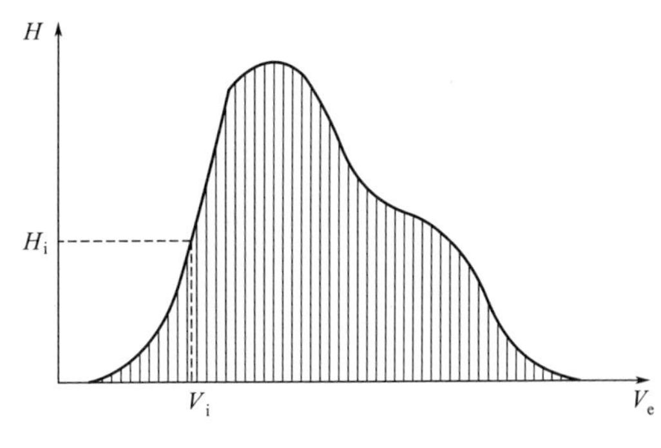

图 4-5　GPC 谱图分割求平均分子量

4. GPC 数据处理

从 GPC 谱图计算高聚物试样平均分子量的方法可分为两大类。

(1) 定义法　从试样的 GPC 谱图和校准曲线出发，按照平均分子量的定义式，计算出高聚物试样的平均分子量。

由于 GPC 谱图的纵坐标高度 H 与淋出液中高聚物试样的浓度成正比，它反映了各个级分在试样中所占比重大小，而横坐标 V_e 反映了各个级分的分子量大小，因此，GPC 谱图可以作为同一条件下所测高聚物试样之间分子量分布的一种直观比较。但为了便于比较不同仪器和不同条件下测得的结果，还需要将 GPC 谱图进行归一化处理。将 GPC 谱图在横坐标方向上等间隔地分割成 n 个离散点的 $H_i \sim V_i$ 对应数据(见图 4-5)，则每一个级分的质量分数 w_i 可以表示为：

$$w_i = \frac{H_i}{\sum_{i=1}^{n} H_i} \tag{4-13}$$

通常 n 至少等于 20。再从校准曲线上查出对应各个 V_i 值的 M_i 值，以 w_i 为纵坐标，以 M_i 为横坐标，就可画出归一化的分子量分布曲线(即满足 $\sum w_i = 1$)。有了各级分的质量分数和分子量数据，就可根据各种平均分子量的定义式，采用下列式子计算出所测高聚物试样的质均分子量、数均分子量以及多分散系数 HI：

$$\overline{M}_w = \sum_{i=1}^{n} w_i \cdot M_i = \frac{\sum_{i=1}^{n} H_i \cdot M_i}{\sum_{i=1}^{n} H_i} \tag{4-14}$$

$$\overline{M}_n = \left[\sum_{i=1}^{n} \frac{w_i}{M_i}\right]^{-1} = \left[\sum_{i=1}^{n} \frac{H_i / \sum H_i}{M_i}\right]^{-1} \tag{4-15}$$

$$HI = \frac{\overline{M}_w}{\overline{M}_n} \tag{4-16}$$

(2) 函数适应法　利用其曲线形状与高聚物试样的分子量分布曲线相近的数学模型，通过数学推算来求得高聚物的平均分子量。

人们通过实验发现许多情况下，GPC 谱图比较接近于高斯分布，于是利用高斯分布函数来求算平均分子量及其分布。以淋出体积 V_e 为自变量的质量微分分布 $W(V_e)$ 的高斯分布函数形式为：

$$W(V_e) = \frac{1}{\sigma(2\pi)^{1/2}} \exp\left[-\frac{(V_e - V_p)^2}{2\sigma^2}\right] \tag{4-17}$$

式中，σ 为标准偏差(它等于 GPC 谱图峰底宽 W_0 的四分之一，$\sigma = W_0/4$，如图 4-6 所示，峰底宽是经谱线两侧拐点画两条切线与基线交点之间的距离)；V_p 为峰顶所对应的淋出体积。通过数学推导，可以得出下列公式：

$$\overline{M}_w = M_p \exp\left(\frac{B^2\sigma^2}{2}\right) \tag{4-18}$$

$$\overline{M}_n = M_p \exp\left(-\frac{B^2\sigma^2}{2}\right) \tag{4-19}$$

$$HI = \exp(B^2\sigma^2) \tag{4-20}$$

这样，只要根据 GPC 谱图的峰底宽 W_0 算出 σ 值，从校准曲线上查得对应 V_p 的 M_p 值，再利用校准曲线的 B 值，就可用上述公式计算出平均分子量数据。峰底宽的表示见图 4-6。

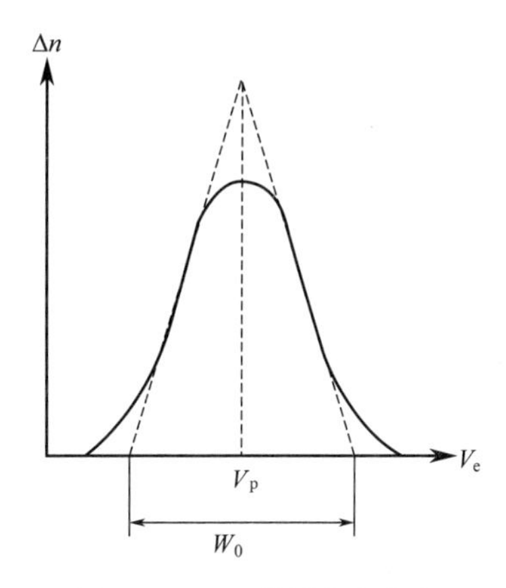

图 4-6 GPC 谱图的峰底宽

应该指出，GPC 谱图普遍存在着加宽效应，也就是说，即使注射一个单分散试样(如小分子试样)，所得出的谱图仍然是具有一定宽度的分布曲线形式，而不是一条竖直线。加宽效应是由于色谱柱填充不均匀造成的涡流扩散、溶质和溶剂之间浓度差造成的分子扩散以及填料对试样的吸附作用等物理因素所致。加宽效应的校正是一个比较复杂的问题，在仪器分辨率很高的情况下加宽效应可以减少到很小，一般，对于多分散系数 > 1.5 的试样，可忽略加宽效应。

【实验仪器和试剂】

凝胶渗透色谱仪 1 台
分析天平 1 台
注射器(1mL)1 支
容量瓶(25mL)1 只
聚苯乙烯若干
四氢呋喃(色谱纯)若干
样品过滤头 1 个

【实验步骤】

1. 准备溶剂

溶剂选用色谱级四氢呋喃，过滤、超声脱气后，加入试剂瓶中待用。

2. 配制聚苯乙烯溶液

用分析天平准确称取聚苯乙烯试样约 0.025g，置于洁净、干燥的 25mL 容量瓶中，用从 GPC 仪器中抽取的四氢呋喃溶剂将聚苯乙烯溶解，并加溶剂至容量瓶刻线，摇匀，静置待用。

3. 开机

打开计算机、再开 GPC 50 主机和检测器电源。双击打开 PL Instrument Control 仪器控制软件，连接仪器和计算机。

4. 测试系统排气

先打开 Purge 阀(逆时针)，将泵流速调至 $2mL \cdot min^{-1}$，排气 5 ~ 15min，观察废液管中流出的溶剂，要求溶剂均匀流出，无气泡。

5. 试样测定

(1) 设定参数　打开 GPC online，编辑相应的 Workbook，键入文件名并选择保存路径；在 Conditions 界面下，设定柱温为 40℃，测试流量为 $1mL \cdot min^{-1}$。

(2) 样品采集　进样之前，检查基线平稳情况。手动进样，将 100μL 已经膜过滤的样品均匀注入定量环，然后点击 Inject 键。样品进入色谱柱中开始分离、分析。

6. 数据处理

在 Analysis 界面下，对测试曲线进行分析，生成分子量及分子量分布相关数据测试报告。

【实验数据及实验结果】

GPC 仪型号：________； 实验温度：________℃；

色谱柱填料：________； 流速：________ $mL \cdot min^{-1}$；

高聚物试样：________； 溶剂：________；

溶液浓度：________； 进样量：________

【思考题】

1. 凝胶色谱柱能够按分子量大小分离高聚物试样的机理是什么？

2. 用上述的 GPC 法测定高聚物的分子量及其分布的方法，属于相对法还是绝对法？为什么？

3. 分子量相等的支链形分子与直链形分子哪种先流出色谱柱？

4. 影响本实验结果的因素有哪些？

5. 本实验所得结果是否令人满意？实验中出现了什么问题？其原因可能是什么？

【注意事项】

1. GPC 法测定结果对于实验条件的依赖性很大，因而要力求保持条件的稳定，在实验过程中不要随意扳动仪器上的旋钮、阀门和开关。

2. 溶液试样的浓度一般为 0.05% ～ 0.3%，配制溶液的溶剂必须和仪器中流动的溶剂一致，不溶性的杂质应滤去。

3. 溶剂流速一般为 0.5 ～ 1.0$mL \cdot min^{-1}$。

表 4-1 一些高聚物在 GPC 仪器中所适用的溶剂

溶剂	使用温度 /℃	高聚物
四氢呋喃	室温 ～ 45	聚氯乙烯、聚苯乙烯、芳香聚醚环氧
氯仿	室温	聚硅氧烷、正乙烯、四氢吡咯聚合物
间甲酚	20 ～ 135	聚酯、聚酰胺、聚氨酯
四氢化萘	135	聚烯烃
二甲基甲酰胺	室温 ～ 85	聚丙烯酯、纤维素、聚氨酯
二氯甲烷		聚碳酸酯、聚丁二烯、聚丙烯腈
三氯甲烷		氯丁橡胶
甲苯	室温 ～ 70	弹性体和橡胶

实验 31 裂解气相色谱法测定共聚物的组成

裂解气相色谱（pyrolysis gas chromatography）是研究聚合物组成和结构的一种简便而有效的技术。它是由普通气相色谱仪附加裂解器所构成。聚合物样品放在裂解器内，在无氧条件下，用加热或光照的方法，使样品迅速地裂解成可挥发的小分子，进而直接用气相色谱分离和鉴定这些小分子。其流程框图如图 4-7 所示。

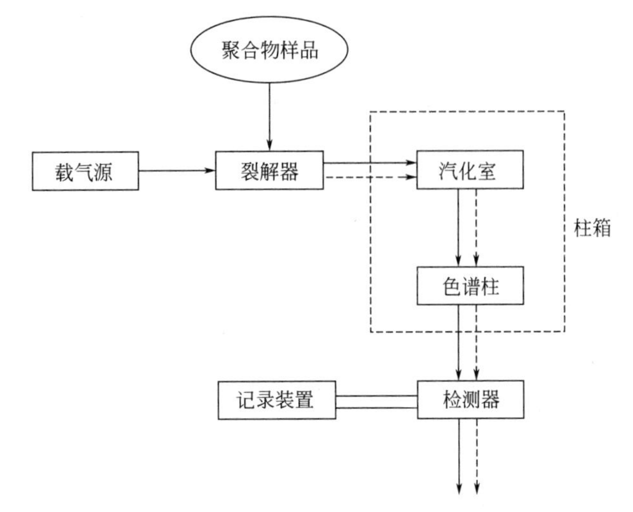

图 4-7　裂解气相色谱流程图

自从 1954 年第一次采用裂解色谱法研究聚合物以来，其在仪器和实验技术两方面都有了很大发展。与其他方法相比，裂解气相色谱具有以下优点：快速、灵敏、高分离效率；不受样品物理状态的限制；分析聚合物的裂解产物，不仅可以测定样品的组成，而且可以获得许多结构方面的信息，用于研究单体的连接方式、链的立构规整度、共聚物的链段序列分布，以及研究高分子的热稳定性、老化作用及鉴定各种聚合物。

但是，裂解反应十分复杂，影响裂解产物的因素很多，要获得重复性结果，需要十分仔细地操作，由于实验室之间的重复性差，所以，目前裂解色谱图还没有像红外光谱那样有一套标准图谱，因此进行未知样品鉴定时，往往需要和红外、质谱联用。

【实验目的】

1. 了解裂解气相色谱法在聚合物研究上的应用。

2. 掌握裂解气相色谱的实验技术和原理。

3. 根据已知工作曲线，测定甲基丙烯酸甲酯 - 苯乙烯共聚物的组成。

【实验原理】

在给定的温度、气氛等条件下，聚合物的分子链不同，裂解反应规律也不一样，因此所得裂解产物具有特征性和统计性。这是裂解色谱法分析聚合物的基础。通常，聚合物热裂解反应机理大致可归纳如下：

① 烯烃类聚合物的解聚、侧基脱除、无规断链；

② 杂链聚合物的 C—N、C—O、C—S 键等弱键断裂。

共聚物的裂解过程比均聚物复杂。由于共聚物分子链是由几种单体组成，单体排列方式不同(无规、嵌段、接枝等)，裂解机理和裂解产物分布也不一样。据此，可以用裂解色谱法来研究共聚物的微观结构。不管共聚物裂解反应多么复杂，结果都能定量地产生相应的单体或其他特征碎片，而且单体或其他特征碎片的得率与单体在共聚物中的组成有着简单的函数关系。因此，可以从单体或特征碎片的产率来计算共聚物的各组分含量。

利用色谱进行定量分析，有“归一化法”和“内标法”等，但是聚合物裂解指纹图复杂，用通常的“归一化法”较麻烦，因此在裂解色谱的定量分析中，最常用的是特征峰测量法。它是从图谱中选择 n 个易于测量的峰(量出其面积 A 或高度 H)，以特征峰在其中所占的百分比($A_{特征}/\sum A$)，或特征峰之间的相对比值[$A_{特征(1)}/A_{特征(2)}$]作为参考，找出样品中的定量关系。例如，甲基丙烯酸甲酯(MMA)与苯乙烯(S)的共聚物裂解图(见图4-8)，可选择两者的单体峰作为表征，以 $A_M/(A_M+A_S)$ 对共聚物组成作图，可得到定量曲线图，如图4-9所示。

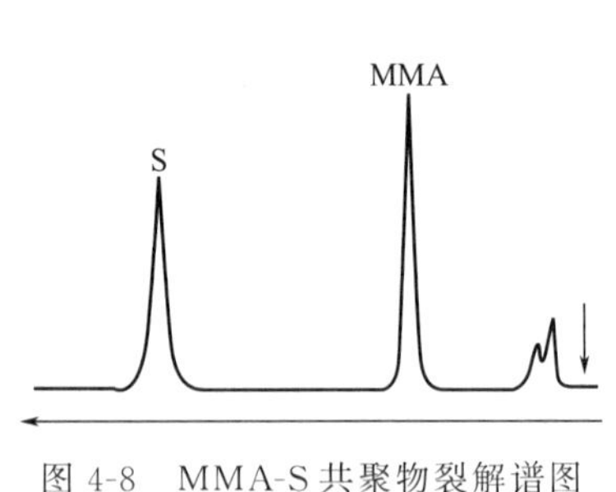

图4-8　MMA-S共聚物裂解谱图

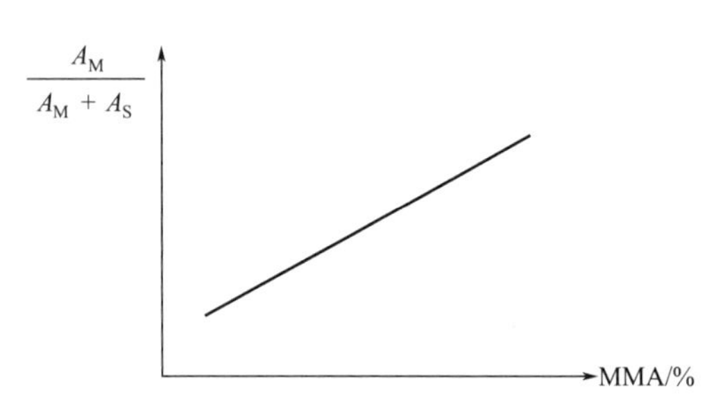

图4-9　MMA-S共聚物裂解色谱定量曲线示意图

裂解色谱法虽然操作简便，但是影响实验结果的因素却很多，尤其是裂解温度和裂解时间，严重影响着裂解产物的分布。原则上，温度过低时，裂解不完全，所得小分子产物少，高沸点产物多；温度过高时，非特征的小分子产物多，实验重复性差。不同的聚合物都有其最佳裂解温度。通常是将样品依次在不同温度下裂解，比较所得的图谱，进而确定特征碎片产率最大、实验重复性好的裂解温度。

在高温下聚合物瞬间即可裂解，如聚苯乙烯在550℃分解一半样品只需 10^{-4}s。可见，如果裂解时间过长，实际上是使裂解产物在高温下停留的时间过长，这必然会增加碎片的二次反应，使结果更加复杂，甚至特征产物消失。

为了减少实验误差，除了选择好裂解温度和裂解时间，认真仔细操作外，对裂解器的结构也有严格的要求：温度可以任意调节和测量，并能稳定地控制，死体积要小，裂解产物应迅速离开热区等。根据上述要求，人们设计了不同类型的裂解器。目前使用较多的有热丝型裂解器、管炉式裂解器、居里点裂解器、激光裂解器等。

【实验仪器和试剂】

气相色谱仪1套

居里点裂解器1台

甲基丙烯酸甲酯-苯乙烯共聚物样品若干

【实验步骤】

1. 在教师指导下熟悉气相色谱仪的操作规程。

2. 制备色谱柱

将1gDC-550固定液溶解于约20mL的丙酮中，与10g 101硅烷化白色载体(60～80目)混合，在红外灯下加热，使溶剂缓慢挥发，并不断用玻璃棒轻轻搅拌。干燥后装柱，方法如下：取2m长的不锈钢柱，一头塞上玻璃棉，接上真空泵，在抽气下将涂布好固定液的载体吸入柱中，同时轻轻敲击柱子，直至不再吸入为止，另一端也塞上玻璃棉。将装好的柱子装入柱箱(吸气的一端接在靠近检测器的接头上)，通 N_2 气，80℃ 下老化 4h，使基线平稳。

3. 调节好载气流量，调节柱箱温度至 120℃，汽化温度 150℃，检测器温度 120℃。

4. 用居里点温度在 600℃ 的居里丝取少量样品，送至高频感应器中。

5. 接通裂解发生器电源，设置裂解时间为 2s，3 ～ 5min 后打开高压开关。

6. 启动采样记录，记录色谱图。

7. 待所需最后一个色谱峰出完后，关闭裂解发生器高压开关，取出居里丝。重新装样，重复上述操作。

8. 实验完毕，关闭气源，将各个开关置回原有位置，整理好所有用品。

【数据处理】

1. 根据所测的色谱图，分别测量甲基丙烯酸甲酯峰及苯乙烯峰的峰高和半高宽，并用峰高乘半高宽算出两峰的面积。与计算机给出的结果相对比。

2. 计算甲基丙烯酸甲酯的峰面积比例：

$$P_{\mathrm{M}}=\frac{A_{\mathrm{M}}}{A_{\mathrm{M}}+A_{\mathrm{S}}} \tag{4-21}$$

并从 MMA-S 共聚物裂解色谱定量工作曲线上(见图 4-9) 找出相应的共聚物组成。

3. 计算苯乙烯和甲基丙烯酸甲酯的保留体积之比：

$$N_{\mathrm{S}}=\frac{\tau_{\mathrm{S}} V_{载气}}{\tau_{\mathrm{M}} V_{载气}} \tag{4-22}$$

式中，τ 为保留时间(即从进样到组分在柱后流出最大浓度的时间)；$V_{载气}$ 为载气流速。保留体积的比值(N) 是检验色谱工作条件的稳定性和实验操作重复性的参数之一，如果柱箱温度、载气流速等控制稳定，进样和计时操作准确，则 N 值应该是重复的。

【思考题】

1. 裂解气相色谱法的原理是什么？
2. 裂解气相色谱法在高聚物研究中有哪些应用？
3. 典型高聚物的热裂解形式有几种？举例说明。
4. 如何利用裂解气相色谱法研究共混物的组成？
5. 为什么要强调各次平行实验中裂解条件及色谱条件应严格相同？

【注意事项】

实验过程中应听从指导教师的安排，不要私自乱动仪器上的旋钮。

实验 32　红外光谱法测定聚合物的结构

红外光谱是研究聚合物结构与性能关系的基本手段之一，利用物质对红外光区电磁辐射选择性吸收的特性来进行化合物结构分析、定性和定量分析等。红外光谱具有鲜明的特征性，其谱带的数目、位置、形状和强度都随化合物不同而各不相同。红外光谱分析具有速度快、试样用量少并能分析各种状态的试样等特点。

【实验目的】

1. 了解傅里叶变换红外分光光谱仪的结构和工作原理，学习使用方法。
2. 掌握固体及液体样品的红外制样技术。
3. 了解红外光谱定性分析法的基本原理，学会红外谱图的解析方法。

【实验原理】

红外光谱仪主要由两大部分组成：光学检测系统和计算机系统。光学检测主要元件是干涉仪，主要包括红外光源、光栅、干涉仪、激光器、检测器和几个红外反射镜。工作原理如图 4-10 所示。

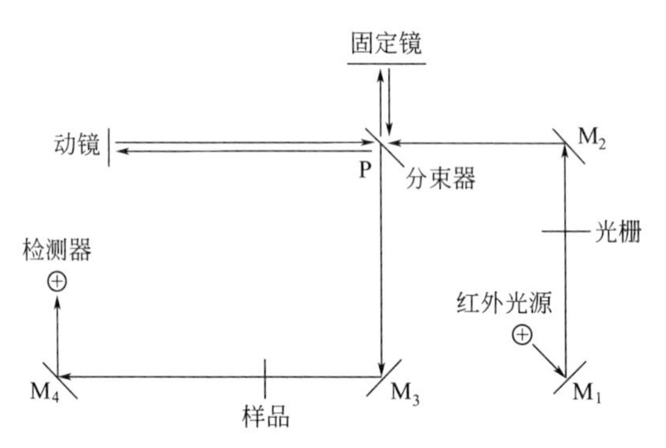

图 4-10　红外光谱工作原理

红外光源的辐射光经 M_1 反射为平行光束，投射到45°放置的分束器P(KBr)上，分束器将光等分为两部分：一部分反射到固定镜再反射回来，复透过 P，经 M_3 聚焦射向样品池和检测器(DTGS-KBr)；另一部分透过 P，经动镜反射也射向样品池和检测器。动镜以速度 v 做匀速往复移动，经 M_4 和 M_3 的两束光相互干涉而增强，检测器输出的信号增大；光程差等于入射光波长的半波长的奇数倍时，两束光因干涉相抵消，输出的信号减小，这样由干涉仪输出的为干涉图。将有红外吸收的样品放在干涉的光路中，由于样品吸收掉某些频率范围的能量，所得干涉图的强度曲线即表现相应的变化，这种变化了的干涉图包含了整个波长范围内样品吸收的全部信息。计算机的作用是将接收由 Michelson 干涉仪输出的经过红外吸收的干涉图，进行 FT 数学处理，将干涉图还原为大家熟悉的光谱图。

红外光谱法是定性鉴定和结构分析的有力工具。对试样的要求：①试样纯度应大于98%；②试样不应含水(结晶水或游离水)，因水有红外吸收，干扰羟基峰，所以试样应当经过干燥处理；③试样浓度和厚度要适当，使最强吸收透光度为5%～20%。对于固体样品，常用的制样方法有：压片法、糊状法、薄膜法和切片法等。本实验采用的是压片法，即将固体样品与溴化钾混合研细，并压成透明片状，然后放到红外光谱仪上进行分析。溴化钾背景吸收很小，且无选择性，但易吸潮，很难消除吸附水的影响，所以压片法所用的溴化钾必须纯净和干燥。

每个有机化合物都有特定的红外吸收光谱。因此，红外光谱是定性鉴定的有力工具。根据化合物的基团和振动类型的不同，可将红外光谱按波数大小划分为8个重要区段，从这些波段出现的吸收峰，可了解振动类型，如表4-2所示，从红外光谱吸收峰的位置，初步了解可能的基团。然后再从基团的特征频率表中的相关峰位置和数目，与所测化合物光谱，比较找出其相应关系，加以确定。

表4-2　波数与振动类型对应表

波数 /cm^{-1}	振动类型
3750 ~ 3000	伸缩振动（羟基、氨基）
3300 ~ 2900	伸缩振动（不饱和碳氢）
3000 ~ 2700	伸缩振动（饱和碳氢）
2400 ~ 2100	伸缩振动（不饱和碳碳、碳氮叁键）
1900 ~ 1650	伸缩振动（羰基）
1675 ~ 1500	伸缩振动（碳碳、碳氮双键）
1475 ~ 1300	弯曲振动（饱和碳氢）
1000 ~ 650	伸缩振动（不饱和碳氢）

【实验仪器和试剂】

傅里叶变换红外分光光谱仪，压片模具，压片机，玛瑙研钵，烘箱，红外烤灯。

溴化钾（分析纯），聚丙烯酰胺（自制）。

【实验步骤】

1. 试样制备

聚丙烯酰胺试样的制备：取1 ~ 2mg的样品粉末放入玛瑙研钵中磨细，直至无颗粒感为止。将100 ~ 200mg的溴化钾放入研钵中与样品一起混合研磨至2μm细粉。将磨好的样品和溴化钾细粉装入压片磨具中，置于压片机上，加8 ~ 12MPa的压力，保持30s左右，减压，取出压膜，将压好的KBr样片放入样品支架内备用。

2. 样品测试

（1）开启红外光谱仪，使其稳定约30min，把制备好的样品放入样品架，然后插入仪器样品室的固定位置上。

（2）打开测试软件，设置好扫描次数、分辨率等参数。

（3）进行背景扫描，然后将样品放入样品室，开始样品扫描。

3. 谱图处理

红外谱线处理，如基线拉平、曲线平滑、标峰值等。

4. 谱图分析

根据样品的红外谱图，分析特征吸收峰的位置、强度、峰形等与基团之间的关系，确定聚丙烯酰胺分子链中相应基团存在的位置。

【思考题】

1. 傅里叶变换红外光谱仪的工作原理是什么？

2. 如何解析已知物和未知物的红外光谱图？

3. 影响红外光谱图质量的因素有哪些？如何避免？

实验 33 核磁共振法测定聚合物的结构

核磁共振现象是 1946 年由 Bloch 和 Burcell 等发现的，经过多年的技术发展，核磁共振波谱(NMR) 技术已取得极大的进展和成功，检测的核从 ^1H 到几乎所有的磁性核；仪器频率已由 30MHz 发展到 800MHz，现在还在向更高频率发展，仪器从连续波谱已发展到脉冲傅里叶变换光谱仪并随着多种脉冲序列的采用而发展到各种二维谱和多量子跃迁测定技术。20 世纪 80 年代还产生了核磁共振成像技术、固体高分辨核磁技术等，特别是固体高分辨核磁技术的出现使 NMR 可以直接测固体样品，解决了以前 NMR 只能测溶液的瓶颈问题。这些实验技术的迅速发展使得核磁共振的研究领域不断扩大，不但可以从分子水平研究材料的微观结构，NMR 成像技术还可以跟踪加工过程中的结构和形态的变化。NMR 技术不仅是研究各种化合物的物理性能、分子结构、分子构型构象等的重要手段，而且也是高分子材料、生理生化、医疗卫生等方面科研和检测实验的重要手段。

【实验目的】

1. 学习 NMR 的工作原理和使用方法。
2. 掌握用 NMR 技术分析聚合物结构的基本方法。
3. 掌握 NMR 谱图解析的基本方法和技术。
4. 了解固体 NMR 在高分子结构研究中的应用。

【基本原理】

1. 核磁共振的基本原理

核磁共振是由原子核的自旋运动引起的。不同的原子核，自旋运动的情况不同，它们可以用核的自旋量子数 I 来表示，I 与原子序数 Z 和质量 m 有关。I 为零的原子核可以看作是一种非自旋的球体，I 为 1/2 的原子核可以看作是一种电荷分布均匀的自旋球体，^1H、^{13}C、^{15}N、^{19}F、^{31}P 的 I 均为 1/2，它们的原子核皆为电荷分布均匀的自旋球体。I 大于 1/2 的原子核可以看作是一种电荷分布不均匀的自旋椭圆体。原子核作为带电荷的质点，自旋时可以产生磁矩 μ，但并非所有的原子核自旋都产生磁矩，只有那些原子序数或质量数为奇数的原子核，自旋时才产生磁矩。具有磁矩的原子核在外磁场作用下发生取向，每一种取向都代表了核在该磁场中的一种能量状态，正向排列的核能量较低，逆向排列的核能量较高，它们之间的能量差为 ΔE。

在有外加恒磁场 H 时，核磁矩 μ 将与 H 发生相互作用。如果将由为数众多相同核组成的体系置于外加磁场 H 中，则其某些核处于低能级，而另一些核处于高能级，它们在不同能级间的分布服从玻耳兹曼分配定律，低能级的核比高能级的多。若在垂直于 H 方向施加一个频率为 ν 的射频场 H，当满足 $\Delta E = h\nu$ 时，则处于低能级的核会从射频场吸收能量跃迁至高能级，即产生所谓的 NMR 吸收，通常是固定 ν 改变 H，记录所测得的 NMR 吸收能量与 H 的关系，即得到样品的 NMR 谱。

2. NMR 谱线的特征

NMR 谱图有四个特征对于解析很有用，即谱线位置、谱线强度、谱线分裂和谱线宽度。

(1) NMR 的谱线位置　置于外加静磁场 H 中的一聚合物样品中所有质子(例如 $—CH_3$、$—CH_2$ 和 —CH 基团中的氢原子)的进动频率是不同的，任何一个质子的精确频率值取决于它的化学环境(一个碳原子上某个质子的屏蔽程度取决于键合在该碳原子上其他质子团的诱导效应)。由于这个缘故，频率的移动被称为化学移动。两个不同的质子团在谱图上有不同的化学位移位置。化学位移是由磁场强度及射频的大小决定。一组核的进动频率(吸收位置)很难用绝对频率单位表示，通常测量的是与参照物的频率差。最常用的参照物是四甲基硅烷(TMS)，是因为：①TMS 的 NMR 谱中只有一个峰(四个甲基对称分布)；②TMS 上的甲基 H 核和 C 核核外电子的屏蔽作用都很强，无论在 H 谱还是在 C 谱中绝大多数其他化合物的峰都出现在 TMS 峰的左边，按“左正右负”的规定，这些化合物中各个基团的化学位移(用 δ 表示)均为正值，便于表述；③TMS 的沸点仅有 27℃，很容易从样品中除去，便于样品的回收；④TMS 是各向磁同性，同时又是化学惰性的，它能溶于大多数有机溶剂而不溶于水，不易与样品发生反应或缔合；⑤TMS 的 NMR 很强，即使含量很低(一般加入量为 1%，质量分数)，也能给出又强又窄的单吸收峰。基于以上这些特性和优点，TMS 成为 NMR 测试中最常用的参照物，在 H 谱和 C 谱中都规定 $\delta_{TMS}=0$。通常 ^{1}H 的 $\delta \approx 0 \sim 20 \times 10^{-6}$，$^{13}C$ 的 $\delta \approx 0 \sim 600 \times 10^{-6}$。

(2) NMR 谱线强度　谱线强度是指信号的总强度，是样品在共振时吸收的总能量。NMR 谱线强度就是一条 NMR 吸收曲线下的面积积分。谱图中每个 NMR 信号下的面积正比于该基团中氢原子的数目。在 NMR 谱仪上通过对每一信号积分自动地测出峰面积，积分值在图上标绘成一条连续的曲线，检测到一个信号就出现一个台阶，台阶高度与峰面积成正比。宽峰的积分准确性比窄峰差，一个混合物的质子 NMR 的积分线迹能够提供有关各组分相对含量的信息。当混合物的组分很难分离或不能分离时，用这种技术做定量分析是特别有用的。

(3) NMR 谱线的分裂　磁核能级的分裂是将一个含磁核的体系暴露于磁场内导致能级数目增多的现象。NMR 谱线的分裂是由相邻质子间的自旋偶合作用而引起的，并且与这些临近质子所具有的自旋取向数有关，这种现象称作自旋-自旋分裂或自旋偶合。在一个 NMR 信号中看到一组质子的谱线数目(多重性)与这些临近质子数目无关，却与相邻基团中质子的数目有关。$(n+1)$ 规则有助于求出一组质子发出的信号的多重性，n 是相邻质子的个数。

3. ^{1}H-NMR 谱和 ^{13}C-NMR 谱

有机物中的主要元素为 C、H、N、O 等，其中只有 ^{1}H、^{13}C 为磁性核。碳原子是构成有机化合物的骨架，掌握有关碳原子的信息无疑可以在有机结构鉴定中起到关键作用，然而由于 ^{1}H 的天然丰度较大(99.985%)，磁性较强，易于观察到比较满意的核磁共振信号，因此用途最广。^{13}C 则由于丰度较低，只有 ^{12}C 的 1.1%，灵敏度只有 ^{1}H 的 1.59%，^{13}C-NMR 的研究应用则相对滞后。早期的 ^{13}C-NMR 只能用于常规分析。因此，目前使用的 NMR 主要为 ^{1}H-NMR 和 ^{13}C-NMR 谱。

4. NMR 在高分子领域的应用

绝大多数高分子化合物都是有机化合物，也主要由 C、H、N、O 元素组成，同样也可以用 NMR 来研究聚合物的结构。早期利用 NMR 研究高聚物多使用宽谱线研究高分子固体性能，但因为谱线宽，分辨不佳，得到的信息不多。尽管 NMR 是聚合物结构表征的一个重要手段，但是很少用在聚合物分子量的测定上，因为 GPC 和其他一些分析方法可提供 M_n 和 M_w 数据。NMR 可以对线型聚合物进行端基分析，它们的分子量可由简单的骨架 / 端基关系来计算。NMR 测高聚物的数均分子量，其唯一的要求就是端基项与高聚物链中的其他基团的峰彼此能分辨开。

核磁共振技术在聚合物表征中的应用主要有：共混及三元共聚物的定性定量分析、异构体的鉴别、端基表征、官能团鉴别、均聚物立规性分析、序列分布及等规度的分析等。

现代 FT-NMR 用于高聚物研究通常采用两种方法：一种是选用合适的溶剂，提高温度，或采用高场仪器的液体高分辨技术；另一种是利用固体高分辨率 NMR，采用魔角旋转及其他技术直接得出分辨率良好的窄谱线。

5. 固体高分辨率 NMR 技术

固体高分辨率 NMR 技术是近些年发展起来的一种新技术，它特别适用于两种情况：① 样品是不能溶解的聚合物，例如交联体系；② 需要了解样品在固体状态下的结构信息，例如高分子构象、晶体形状、形态特征等。这是因为^{13}C 的自然丰度较低，磁旋比也小，信号极差，只能通过对样品采用魔角旋转(MAS)、交叉极化(CP) 及偶极去偶(DD) 等技术来强化检测灵敏度。如通过 MAS 消除固体 NMR 谱各向异性的加宽作用，获得与溶液谱一样的自旋多重化精细谱带，使峰变窄，提高分辨率。高功率的质子偶极去偶技术(DD) 可以消除 H—X(X =^{13}C、^{19}F、^{29}Si) 的偶极作用。交叉极化(CP) 则通过 Hartman-Hahn 效应，在合适的条件下采样，可以提高检测灵敏度。MAS、DD、CP 三项技术综合使用，便可得到固体材料的高分辨率^{13}C-NMR。固体 NMR 在高分子材料表征中的重要用途之一是形态研究，高分子链可以有序地排列成结晶型或无规地组成无定形型，结晶型和无定形型相区在 NMR 中化学位移不同，可以很容易地加以区分。NMR 技术的各项弛豫参数也可用来鉴别多相体系的结构。尤其当各项的共振峰化学位移差别很小时，弛豫参数分析相结构就显得格外重要。相结构研究中常用的弛豫参数有自旋 - 晶格弛豫(T_1)、自旋 - 自旋弛豫(T_2)及旋转坐标中的自旋 - 晶格弛豫($T_{1\text{p}}$)等。对于多相聚合物体系，如由硬段和软段组成的热塑性弹性体，由于软、硬相聚集态结构，玻璃化温度上会有明显的差别，在 NMR 实验时，可利用软、硬段弛豫时间的不同来分别研究软、硬相的相互作用及互溶性。弹性体在玻璃化温度之上可以进行取向运动，且在高弹态时偶合作用比玻璃态时小，特别适用于固体 NMR 来进行结构分析。只要采用较低的 MAS 转速及较低的偶极去偶功率，就可以得到高分辨率的固体 NMR 谱，从而分析其网络结构。

【主要仪器设备和试剂】

1. 主要仪器设备

(1) 核磁共振波谱仪主要有瑞士布鲁克(Bruker) 公司生产的 Avance 系列和美国瓦里安(Varian) 公司的核磁共振波谱仪。这些公司生产的核磁共振波谱仪都大同小异，其结构如图 4-11 所示，外形如图 4-12 所示。

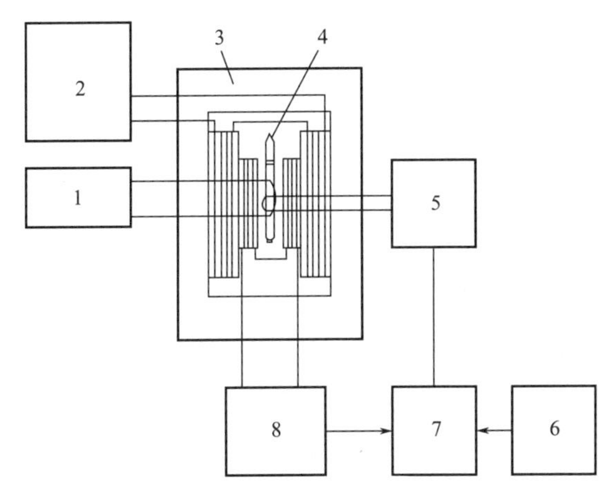

图 4-11　NMR 仪结构

1— 射频发生器；2— 磁铁电源；3— 磁铁；4— 样品管；

5— 射频接收器；6— 计算机；7— 数据记录仪；8— 扫描发生器

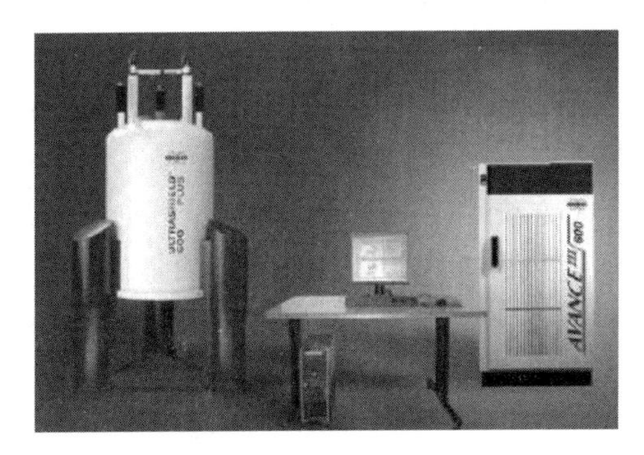

图 4-12　磁核共振波谱仪外形图

(2) 试样管、不锈钢样品勺、试样管清洗器。

2. 主要药品试剂

聚合物样品、TMS、氘代溶剂。

【实验步骤】

1. 试剂配制

称取 20mg 左右的聚合物样品，装入核磁共振试样管中，然后加入 0.5 ～ 1.0mL 的氘代溶剂，盖好盖子，振摇，使聚合物样品充分溶解。

2. 测试

① 仪器状态检查和调试。将混合标样管(或仪器所带标样管) 放入探头内，检查并调试仪器状态，直至符合采样要求。

② 待测样品测试。将混合标样管从探头内取出，换入试样后管，采集记录样品的核磁共振信号，进行必要的数据处理，绘制积分曲线。

3. 后处理

测试完成后，从探头中取出试样管，将管中的溶液倒入废液瓶中。然后将试管架在试样管清洗器上，用溶剂、自来水、蒸馏水依次清洗试样管数次，放入烘箱干燥后再用。

4. 数据处理

解析谱图，读出各种峰的化学位移，判断耦合裂分峰形，计算原子比例，获得需要的结构信息。

【思考题】

1. 产生核磁共振的必要条件是什么？
2. 何谓屏蔽作用和化学位移？
3. 从^{1}H-NMR和^{13}C-NMR获得的信息有何差异？
4. 核磁共振谱图能提供哪些结构信息？
5. 聚合物样品做核磁共振谱时对纯度有何要求？

实验 34 差示扫描量热法测定聚合物的热转变

差示扫描量热法(differential scanning calorimetry，DSC）是在温度程序控制下测量试样相对于参比物的热流速度随温度变化的一种技术。试样在受热或冷却过程中，由于发生物理变化或化学变化而产生热效应，这些热效应均可用DSC进行检测。

DSC和DTA的曲线模式基本相似。它们都是以样品在温度变化时产生的热效应为检测基础的，由于一般的DTA方法不能得到能量的定量数据。于是人们不断地改进设计，直到有人设计了两个独立的量热器皿的平衡。从而使测量试样对热能的吸收和放出(以补偿对应的参比基准物的热量来表示）成为可能。这两个量热器皿都置于程序控温的条件下。采取封闭回路的形式，能精确、迅速地测定热容和热焓，这种设计就叫作差示扫描量热计。

【实验目的】

1. 了解差示扫描量热仪的基本构造和工作原理，并掌握如何操作仪器。
2. 学会用DSC测定高聚物的T_g、T_c、T_m的方法。

【实验原理】

差热分析(differential thermal analysis，DTA）的原理如图4-14(a) 所示。它是在程序控制温度下测量物质和参比物(一种热惰性物质，如α-Al_2O_3）之间的温度差与温度(或时间) 关系的一种技术。描述这种关系的曲线称为差热曲线或DTA曲线(见图4-13)，由于试样和参比物之间的温度差主要取决于试样的温度变化，因此就其本质来说，差热分析是一种主要与焓变测定有关，并借此了解物质有关性质的技术。

目前发展的DSC主要有热流型和功率补偿型两类，热流型DSC的原理与DTA类似，只是测温元件是贴附在样品支架上，而不像经典DTA那样插在样品或参比物内。这种设计减少了样品本身所引起的热阻变化的影响，也减少了样品对测温元件的污染，因此定量准确性比DTA好，又称为定量DTA。

功率补偿型DSC的原理是，在程序升温(或降温、恒温）的过程中，始终保持试样与参比物的温度相同，为此试样和参比物各用一个独立的加热器和温度检测器。当试样发生

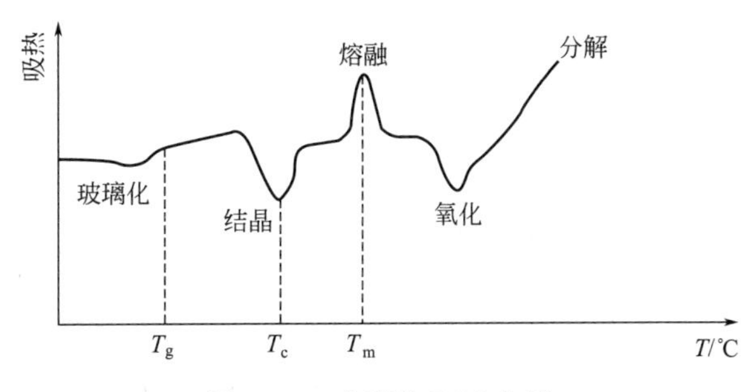

图 4-13　典型的 DSC 曲线

吸热效应时，由补偿加热器增加热量，使试样和参比物之间保持相同温度；反之，当试样产生放热效应时，则减少热量，使试样和参比物之间仍保持相同温度。然后将此补偿的功率直接记录下来，它精确地等于吸热和放热的热量，因此可以记录热流速度（dH/dt 或 dQ/dt）对温度的关系曲线，即 DSC 曲线（见图 4-13），热流速度的单位可以是 W（即 $J \cdot s^{-1}$）或 $W \cdot g^{-1}$，后者与样品量无关，又称为热流量。横坐标有时采用时间代替温度，特别是做动力学研究或恒温测定时。

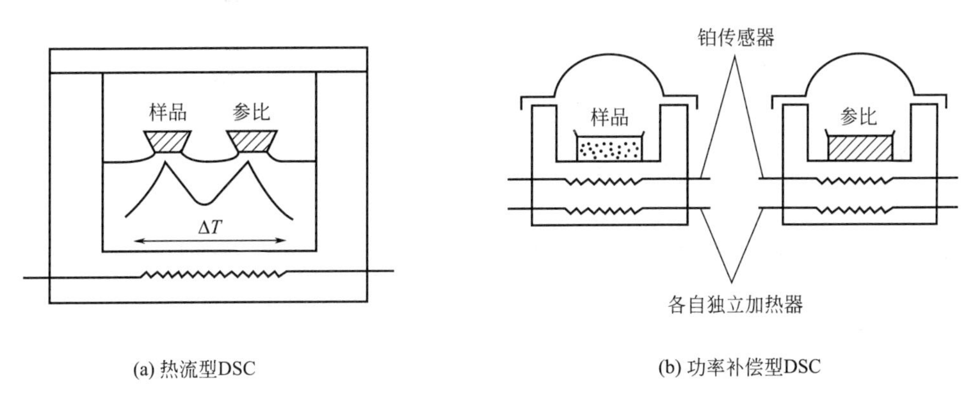

图 4-14　两种主要热分析系统样品池结构

DSC 与 DTA 所不同的是在测量池底部装有功率补偿器和功率放大器。因此在差示温度回路里，显示出 DSC 和 DTA 截然不同的特征，两个测量池上的铂电阻温度计除了供给上述的平均温度信号外，还交替地提供试样池和参比池的温度差值 ΔT，并输入温度差值放大器。当试样产生放热反应时，试样池的温度高于参比池，产生温差电势，经差热放大器放大后送入功率补偿放大器，在补偿功率作用下，补偿热量随试样热量变化，即表征试样产生的热效应，因此实验中补偿功率随时间（温度）的变化也就反映了试样放热速率（或吸热速率）随时间（温度）的变化，这就是 DSC 曲线。

通常，高聚物发生结晶、氧化等变化时，出现放热峰；而发生熔融、分解等变化时，出现吸热峰。对于低分子物质来讲，把从峰的前部斜率最大处作切线与基线延长线的交点所对应的温度取作 T_m；而对于高聚物来讲，则是从熔融吸热峰的两侧斜率最大处引切线，其相交点所对应的温度为 T_m，或者取峰顶所对应的温度为 T_m。T_c 通常也是取结晶放热峰的峰顶温度。T_g 的确定通常是从玻璃化转变前后的直线部分取切线，再在其中的实验曲线上取一点，使该点平分前后两个切点之间的纵坐标距离，该平分点所对应的温度

就是 T_g。峰面积的求取可采用求积仪或剪纸称量法。若完全结晶高聚物的熔融热 ΔH^* ($J \cdot g^{-1}$) 为已知数，则通过求取所测结晶高聚物的熔融吸热峰面积得出熔融热 ΔH 后，就可计算出所测高聚物的结晶度：

$$x_c^m = \frac{\Delta H}{\Delta H^*} \times 100\%$$

高聚物的转变一般发生在某一温度范围之内，而这一温度范围与分子量及其分布、样品的制备历史等有关。又由于 DTA 和 DSC 都是在动态下进行测量的，所以，其数值还与升温速率（或降温速率）有关。在给出转变温度时，应标明其确定的方法和测试条件。

DSC 在高分子科学领域应用十分广泛，主要在如下方面：

(1) 研究高聚物的相转变，测定结晶温度 T_c、熔点 T_m、结晶度、等温结晶动力学参数；

(2) 测定玻璃化温度 T_g；

(3) 研究聚合、固化、交联、氧化、分解等反应，测定反应温度或反应温区、反应热、反应动力学参数。

高聚物在聚合、交联、结晶、熔融、固化、分解等过程中都伴随有热效应的产生，热效应的性质及其发生的温度与高分子的结构和生产工艺条件有关，因此，DTA 和 DSC 除了能用于研究高分子材料的结构性能之外，还能起到指导生产实践的作用。

【实验仪器和试剂】

瑞士梅特勒-托利多差示扫描量热仪（型号 DSC1），分析天平。

聚合物样品：聚乙烯，聚对苯二甲酸乙二醇酯

【实验步骤】

1. 打开氮气瓶的总阀，并将减压阀的压力调到 0.1MPa，并调节差示扫描量热仪上的保护气的体积流量为 $150mL \cdot min^{-1}$。

2. 开启电脑和差示扫描量热仪的总电源开关，预热 10min，开启机械制冷设备。

3. 打开测试软件，设置测试方法，测试温度为 $-80 \sim 250$℃，升温速率为 $10℃ \cdot min^{-1}$。

4. 在天平上准确称量 5～6mg 的两种高聚物试样，分别放入各自的铝坩埚中；开启差示扫描量热仪的炉体，将装有试样的坩埚和参比物坩埚分别置于各自的托架上，关闭炉体。

5. 在测试软件中输入聚合物的名称、质量等参数，启动测试程序。

6. 测量结束后，保存文件，并用分析软件分析 DSC 曲线，找出对应的参量。

7. 差示扫描量热仪降温到室温附近，关闭机械制冷，然后关闭测量软件及仪器总电源，用镊子轻轻夹出样品坩埚，最后关闭保护气。

8. 实验结束。

【实验数据及结果】

将实验数据记录在表 4-3 中。从所测得的 DSC 曲线上求取高聚物的各个转变温度、熔融焓 ΔH 和结晶度 X_c。

表 4-3　聚合物 DSC 分析测试条件及测试结果

高聚物试样	聚乙烯	聚对苯二甲酸乙二醇酯
试样质量 /mg		
升温速率 /℃·min^{-1}		
T_g/℃		
T_c/℃		
T_m/℃		
ΔH/J·g^{-1}		
结晶度 X_c		

【思考题】

1. DSC 测定高聚物的玻璃化转变温度的原理是什么？如何在 DSC 曲线上找出玻璃化转变温度？

2. DSC 测定高聚物的结晶度的原理是什么？

3. 仪器的操作条件对实验结果有何影响？

实验 35　聚合物的热重分析

热重分析（TG）是指在程序控制升温条件下，测量物质的质量与温度变化的函数关系的一种技术。热重分析在高分子科学中有着广泛的应用，可用来研究聚合物在各种气氛中的热稳定性和热分解情况。除此之外，还可研究固相反应，测定水分挥发物或者吸收、吸附和解吸附过程，气化速率、升华温度、氧化降解、增塑剂挥发性、水解和吸湿性、塑料和复合材料的组分等。热重分析具有分析速度快、样品用量少的特点。热重分析在实际的材料分析中经常与其他分析方法联用，全面准确地对材料进行分析。

【实验目的】

1. 了解热重分析仪的基本构造和工作原理，并掌握如何操作仪器。

2. 掌握利用热重法评价高聚物的热稳定性。

【实验原理】

热重分析法是在程序的控温下，测量物质的质量与温度关系的一种技术。热重分析仪一般由四个部分组成：电子天平、加热炉、程序控温系统和数据处理系统。通常，TGA 谱图是由试样的质量残余率 Y（%）对温度 T 的变化曲线，也称作热重曲线；或者是试样的残余率随时间的变化率 dY/dt 对温度 T 的变化曲线，这种曲线称作热重微商曲线，如图 4-15 所示。在图中，开始阶段试样有少量的质量损失，损失率为 $100\%-Y_1$，这是高聚物中溶剂的解吸所致。如果发生在 100℃附近，则可能是失水所致。加热炉继续升温，当温度达到 T_1 时，试样出现了较大的质量损失，直至 T_2，损失率为 Y_2-Y_1；在

T_2 至 T_3 阶段，分解后的物料相对稳定，没有出现明显的失重现象；随着温度继续升高，试样发生了进一步的分解。图中的 T_1 称为分解温度，有时取 C 点的切线与 AB 延长线相交处的温度 T_1' 作为分解温度，后者数值偏高。

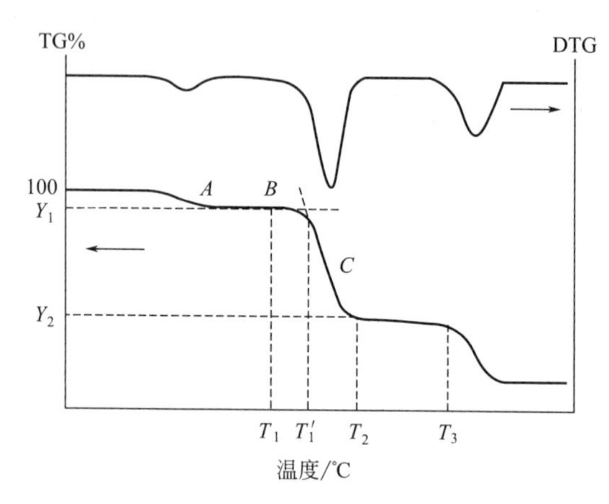

图 4-15 典型的 TG 曲线

【实验内容】

1. 分别测出聚乙烯、聚氯乙烯的 TG 曲线，比较其热稳定性的差别，并运用分子结构与性能之间的关系来解释实验现象。

2. 学会使用热重分析仪的分析软件处理 TG 曲线。

【实验仪器和试剂】

瑞士梅特勒-托利多热重分析仪（型号 TGA1）。

聚合物样品：聚乙烯，聚氯乙烯。

【实验步骤】

1. 打开氮气瓶的总阀，并将减压阀的压力调到 0.1MPa，并调节差示扫描量热仪上保护气的体积流量为 20mL·min^{-1}；打开恒温水浴开关，温度恒温在 25℃。

2. 开启电脑和热重分析仪的总电源开关，预热 10min。

3. 打开测试软件，设置测试方法，测试温度为 25～600℃，升温速率为 20℃·min^{-1}。

4. 打开炉体，放入空白陶瓷坩埚，闭合炉体，按上述测试方法测空白两次。

5. 待上一程序正常结束并冷却至 80℃以下时，打开炉子，分别在坩埚中放入聚合物试样，将装有试样的坩埚置于炉腔中的托盘上，关闭炉体，利用热重仪自带的天平称出样品的质量。

6. 在测试软件中输入聚合物的名称、质量等参数，选中扣除空白选框，启动测试程序。

7. 测量结束后，保存文件，并用分析软件分析 TG 曲线，求出试样的分解温度 T_d。

8. 让热重分析仪炉体温度降到 80℃以下，然后打开炉体用镊子轻轻夹出样品坩埚，关闭测量软件及仪器总电源，最后关闭保护气和恒温水浴开关。

9. 实验结束。

【实验数据及结果】

将实验数据记录在表4-4中。从所测得的TG曲线上求取各聚合物的分解温度 T_d，并比较它们的热稳定性。

表4-4 聚合物TG分析测试条件及测试结果

高聚物试样	聚乙烯	聚氯乙烯
试样质量/mg		
测量温度范围/℃		
升温速率/℃·min^{-1}		
分解温度 T_d/℃		
热稳定性比较		

【思考题】

1. 利用热重法测定高聚物热稳定性的原理是什么？
2. 实验条件对测定结果有何影响？
3. 讨论TG在高分子学科的主要应用有哪些？

实验36 扫描电子显微镜观察聚合物的微观形貌

扫描电子显微镜与光学显微镜一样，是直接观察物质微观形貌的重要手段，但它具有比光学显微镜更高的放大倍数（几千倍到20万倍）和分辨能力（达到纳米级），被广泛应用于研究、观察物质的微观形貌、结构和化学成分等。

【实验目的】

1. 了解扫描电子显微镜的基本结构和工作原理。
2. 掌握扫描电子显微镜样品的制备方法。
3. 掌握扫描电子显微镜的基本操作。

【实验原理】

扫描电子显微镜的工作原理如图4-16所示，扫描电子显微镜主要由三部分组成，即光学部分、真空部分和电子学部分。磁透镜是电子光学系统的核心，它使电子束聚焦。电子光学的上部是由电子枪和第一聚光镜、第二聚光镜组成的照明系统。电子枪又分为灯丝阴极、栅压和加速阳极三部分。电流通过灯丝后发射出电子，栅极电压比灯丝负几百伏，使电子会聚，改变栅极电压可以改变电子束尺寸；加速阳极系统可以具有比灯丝高 5×10^4V，甚至数十万伏的高压，使电子加速。聚光镜是使电子束聚焦到所观察的试样上，通过改变聚光镜的激励电流，可以改变聚光镜的磁场强度，形成很细的电子束；中间的扫描线圈是使电子束在样品上逐点扫描，以便使电子束轰击样品表面，使其发射出二次电子、背散射电子、X射线等；下端是信号探测器，接收从样品发出的上述信号。电子显微镜的真空系统由机械泵（前级真空泵）、扩散泵（高真空泵）、真空管道和阀门以及空气干燥器、冷却装置、真空指示器等组成。

扫描电子显微镜具有接收二次电子和背散射电子成像的功能，二次电子是指入射电子轰击样品后，激发原子外层电子发射出的电子，它的能量小，处在0～50eV之间。二次电子成像与样品表面的物化性状有关，被用来研究样品的表面形貌。分辨能力高，可以达到 5～10nm。背散射电子是指入射电子被样品表面以散射形式弹回来的电子，样品表面散射电子的能力与其表面组成原子的原子序数有关，原子序数越大，弹射回来的电子数目越多，在显示样品成分差异或相的差异方面，背散射电子成像的效果就越好。

扫描电子显微镜突出的优点是样品制备简单，对样品的厚度要求不高。导电样品一般不需要任何处理即可进行观察。聚合物样品由于不导电，在电子束的作用下，尤其是在进行高倍数观察时，可能会发生电荷积累（即充电）、熔融或分解现象，所以这类非导电样品在观察前，表面需要进行镀导电层处理。

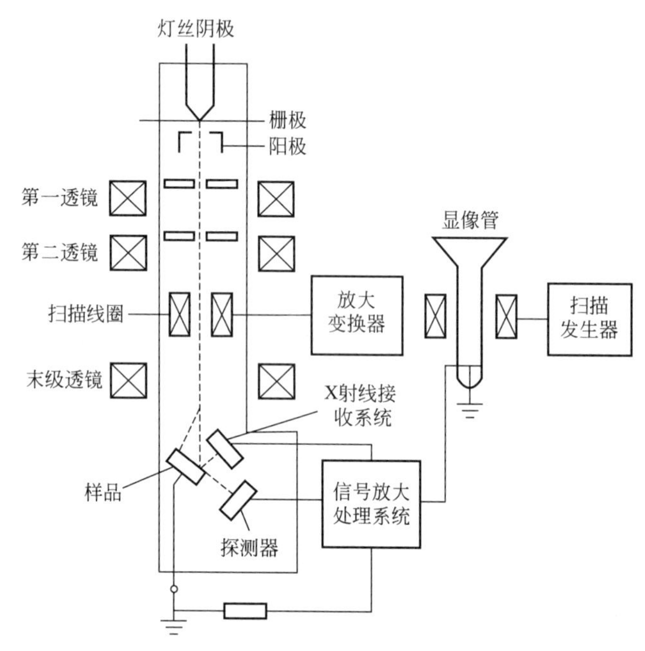

图 4-16　扫描电子显微镜结构原理

【实验仪器和试剂】

1. 仪器

扫描电子显微镜 1 台，真空镀膜机 1 台。

2. 试剂

聚乙烯和聚丙烯薄片，三氧化铬，浓硫酸。

【实验步骤】

1. 样品制备

① 将聚乙烯和聚丙烯薄片切成合适的大小，对扫描电子显微镜来说，样品可以稍大些，面积可达 8mm×8mm，厚度可达 5mm，在制样过程中尽可能使样品的表面结构保存完好，不能有变形和污染。

② 试样的蚀刻，称取 50g 的三氧化铬，用 20mL 的水溶解后，再加入 20mL 的浓硫酸。然后聚乙烯和聚丙烯薄片在蚀刻液中于 80℃下蚀刻 5～15min。取出水洗、干燥，蚀刻剂对样品的晶区和非晶区具有不同的选择性蚀刻作用，蚀刻后可更清楚地显露样品的结构形态。

2. 真空镀膜

将上述处理的样品用导电胶固定在样品底座上，待导电胶干燥后，放入真空镀膜机中镀上 10nm 厚的金膜。

3. 样品形态结构的观察

① 在教师的指导下开启仪器。

② 调节物镜粗细调节钮，进行聚焦，同时调节对比度、亮度，以使显示屏上的图像清晰。

③ 先在低倍下观察样品的形态全貌，然后提高放大倍数，观察聚乙烯、聚丙烯晶体结构的精细结构。

④ 将工作模式转向拍照位置，每个样品在不同放大倍数，不同区域各拍摄形态结构一张。

⑤ 实验结束，拷贝图像，取出样品，并按要求关闭仪器。

【思考题】

1. 结合实验条件，讨论这两个样品结晶形态的特点。

2. 比较光学显微镜和电子显微镜在高聚物聚集态结构研究中的作用和特点。

实验 37 透射电子显微镜观察聚合物的微相结构

显微镜可以直接观察到物质的微观结构，是研究高分子聚集态结构的重要工具。光学显微镜的极限放大倍数为 1000 倍左右，最大分辨率为 200nm，可用来观察尺寸较大的结构，如球晶等。更精细的结构必须借助于电子显微镜来测定，一般透射电子显微镜的分辨率为 1nm 左右，可以用于研究高分子的两相结构、结晶聚合物的结晶结构以及非晶态聚合物的聚集形态等。

【实验目的】

1. 熟悉透射电子显微镜的基本结构和工作原理。

2. 初步掌握聚合物胶乳的制样技术和测试方法。

【实验原理】

1. 透射电子显微镜的工作原理

透射电子显微镜的结构与光学显微镜相似，也是由光源、物镜和投影镜、记录系统三部分组成，只是其电子显微镜光源是用电子枪产生的电子束，电子束经聚光镜集束后，照射在样品上，透过样品的电子经物镜、中间镜和投影镜，最后在荧光屏上成像，如图 4-17。电子显微镜中所用的透镜都是电磁透镜，是通过电磁作用使电子束聚焦的，因此只要改变透镜线圈的电流，就可以使电镜的放大倍数连续变化。透射电子显微镜的分辨率与电子枪阳极的加速电压有关，加速电压越高，电子波的波长就越短、分辨率就越高，例如，普通 50kV 电子显微镜的分辨率为 1nm 左右。除了主体电子光学系统（镜体）外，还有一些辅助系统，如真空系统（机械泵、油扩散泵）和电子学系统（即电路系统）。

2. 像反差的形成原理

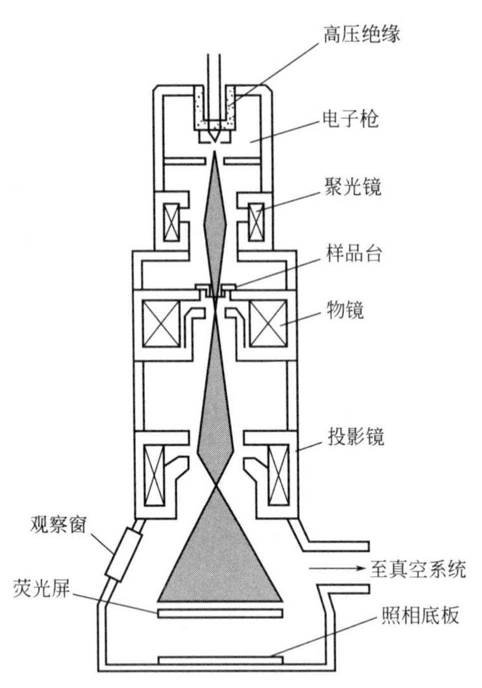

图 4-17　透射电子显微镜的构造原理

当透射电子显微镜的照明源中插入了样品之后，原来均匀的电子束变得不均匀。样品膜中质量厚度大的区域因散射电子多而出现透射电子数不足，此区域经放大后成为暗区；而样品膜中质量厚度小的区域因透射电子较多，散射电子较少而成为亮区。通过样品后的这种不均匀的电子束被荧光屏截获后，即成为反映样品信息的透射电子显微镜黑白图像。对于那些质量、厚度差别不大的样品，常常需要用电子染色的方法来加强样品本身或样品四周（背景）或样品某些部分的电子密度，从而使不同区域散射电子的数量差别增大，进而改善图像的明暗差别，即增强反差。

3. 样品制备

透射电子显微镜用的样品制备比较复杂，对聚合物研究来说有两种类型：如果观察多相结构，采用超薄切片；如果观察单晶、球晶或表面形貌，常常需将样品做复型处理。制备超薄切片需应用专门的超薄切片机，厚度不超过 100nm，通常为 20～50nm。试样过厚，因电子投射能力弱或多层次上的图像交叠而不能观察。在观察超薄切片的两相结构时，只有当处于不同相内的聚合物对于电子的散射能力存在明显差异时，才能形成图像。但通常这种差异不大，需要对试样进行选择染色。聚双烯烃可用四氧化锇（OsO_4）溶液染色，双键与 OsO_4 的结合使聚双烯烃获得很高的散射能力。对于不含双键的聚合物，染色比较困难。另一方面，高能量电子束轰击样品表面时，被辐射部分的温度会急剧升高，甚至会造成聚合物结构发生变化。这一问题可通过冷却样品台、缩短观察时间、提高加速电压加以改善，但多数情况下，需要对聚合物试样进行复型。对复型膜进行观察时，常用重金属 Cd 和 Pt 投影喷镀复型膜来增加反差。

【实验仪器和试剂】

1. 仪器

透射电子显微镜，超声波清洗器，铜网喷碳的支持膜，小玻璃瓶，玻璃棒，弯头镊子，培养皿。

2. 试剂

乳胶或其他液体状或粉末状聚合物样品。

【实验步骤】

1. 样品的制备

(1) 试样的稀释或分散

① 水溶性试样：用玻璃棒蘸取少许试样，加入装有双蒸水的小玻璃瓶中，充分摇匀。若稀释不够，可倾去部分稀释液后再行稀释，直至满意为止，对于很难分散的试样，可在

双蒸水中加入少量乳化剂等促进分散，亦可将小瓶放入超声波清洗器中振荡片刻。一定要注意振荡时间不可过长，长时间的超声振荡不但不会促进分散，有时会造成样品颗粒凝集。

② 溶剂型试样：方法同上，只需将双蒸水改换成相应的溶剂即可。

③ 粉末状固体：取少许粉末加入小玻璃瓶中，注入双蒸水或溶剂，将小瓶置于超声波清洗器中振荡一段时间（一般几分钟），待粉末与液体混合成均匀的浊液即可。若浊液浓度过大，可倾去一部分，再行稀释，直至满意。

④ 块状或膜状：对于样品厚度超过 100nm 的膜状甚至块状样品，应考虑超薄切片或离子减薄技术，此处不做赘述。

（2）试样的装载　对于粒径较大或者粒径虽不大但其组成中含有较重元素的试样，不需要电子染色，可直接蘸样。该方法具体操作如下：用镊子轻轻夹住复膜铜网的边缘，膜面朝下蘸取已分散完好的试样稀释液，小心将铜网放在做记号的小滤纸片上，待网上液滴充分干燥后，即可上镜观察。

（3）电子染色　对于粒径很小且由轻元素组成的试样，应考虑电子染色技术，以增大试样不同区域散射电子数量的差别，从而增强图像的反差，便于观察者肉眼清晰分辨。常用的电子染料是含有重金属元素的盐或氧化物，如磷钨酸、乙酸铀、四氧化锇，四氧化钌等，常用的染色方法有以下两种。

① 混合染色法：此法适合于用水分散的试样，因此绝大多数的电子染料都能溶于水，试样与电子染料均以水为介质，很容易混合。具体操作如下：取稀释好的试样液 2mL，向稀释液中滴加染液 1～3 滴，迅速混合均匀，立即蘸样或经 2～5min 后蘸样，充分干燥后，即可上镜观察。

② 漂浮染色法：溶剂型试样和其他不适合用混合染色法的试样，可用漂浮染色法。具体操作如下：用复膜铜网蘸上试样稀释液，待网上液滴将干未干时，将复膜铜网膜面朝下漂浮于染色液液滴上（所用染液浓度应小于 0.5%），一段时间（2～10min）后，镊起铜网，用滤纸吸去多余染色液，待网上液体充分干燥后，即可上镜观察。若试样为溶剂型聚合物，蘸样后应让溶剂充分挥发。若需要在短时间内挥发干净，可将铜网放入真空中抽提，然后再行漂浮染色。

在上述制样过程中，应注意以下几点：

① 所用器皿一定要干净；

② 放置铜网要小心细致，膜面不能有破损和污染；

③ 风干过程要避免污染。

2. 仪器调试和观测

开启透射电子显微镜至抽好真空，调试仪器后，将欲观察的铜网膜面朝上放入样品架中，送入镜筒观察。在低倍镜下观察样品的整体情况，然后选择合适的区域放大，变换放大倍数后，要重新聚焦，将有价值的信息以拍照的方式记录下来，并在记录本上记录观察要点和拍照结果。将样品更换杆送入镜筒，撤出样品，换另一样品进行观察。

3. 结果分析

根据对制样条件、观察结果及样品特性等的综合分析，对图片进行合理解析。

4. 安全防护

工作状态下的透射电子显微镜是一个 X 射线源，在使用过程中应注意以下问题：

① 加光阑，特别是聚光镜光阑；

② 观察时戴铅眼镜；

③ 穿防护背心。

【思考题】

1. 电子显微镜的分辨率如何计算得到？简述成像反差的形成原理。

2. 电子染色的意义何在？常见的电子染色法有哪几种？各自适用的条件是什么？

实验 38　X 射线衍射法分析聚合物的晶体结构

当一束单色 X 射线入射到晶体时，由于晶胞中的原子是周期性规则排列的，且原子间距与入射 X 射线波长具有相同的数量级，导致原子中的电子和原子核成了新的发射源，向各个方向散发 X 射线，这种现象叫作散射。不同原子散射的 X 射线相互干涉并叠加，这种现象叫作 X 射线衍射。可以用它进行分析测定物质的结晶度、结晶取向、结晶粒度、晶胞参数等。

【实验目的】

1. 掌握 X 射线衍射分析的基本原理与使用方法。

2. 对多晶聚丙烯进行 X 射线衍射测定，计算结晶度和晶粒度。

【实验原理】

1. X 射线衍射的基本原理

每一种晶体都有特定的化学组成和晶体结构。晶体具有周期性结构，如图 4-18 所示。一个立体的晶体结构可以看成是一些完全相同的原子平面（晶面 hkl）按一定的距离（晶面间距 d_{hkl}）平行排列而成，每一个晶面对应一个特定的晶面距离，故一个晶体必然存在着一组特定的 d 值。因此，当 X 射线通过晶体时，每一种晶体都有自己特定的衍射花样，其特征可以用晶体间距 d 和衍射光的相对强度来表示。晶面距离 d 与晶胞的大小、形状有关，相对强度则与晶胞中所含原子的种类、数目及其在晶胞中的位置有关，假定晶体中某一晶面间距为 d、波长为 λ 的 X 射线以夹角 θ 射入晶体，如图 4-19 所示。在同一晶面

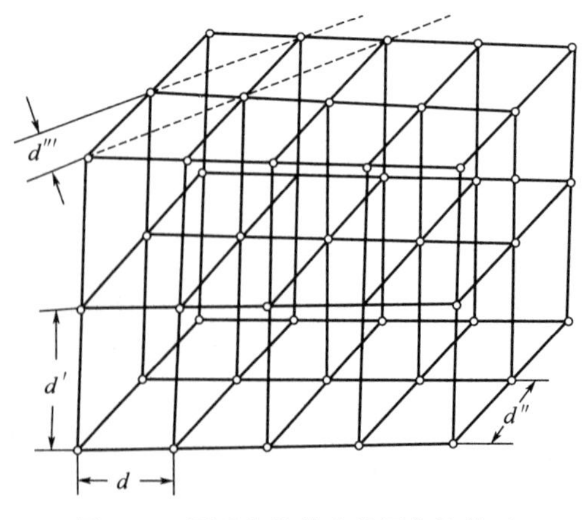

图 4-18　原子在晶体中的周期性排列

上，入射线与散射线所经过的光程相等；在相邻的两个原子面网上散射出来的X射线有光程差，只有当光程差等于入射波长的整数倍时，才能产生被加强了的衍射线，即：

$$2d\sin\theta=n\lambda \tag{4-23}$$

这就是布拉格（Bragg）方程，式中，n 是整数。已知入射X射线的波长和实验所测得的夹角，即可算出晶面间距 d。

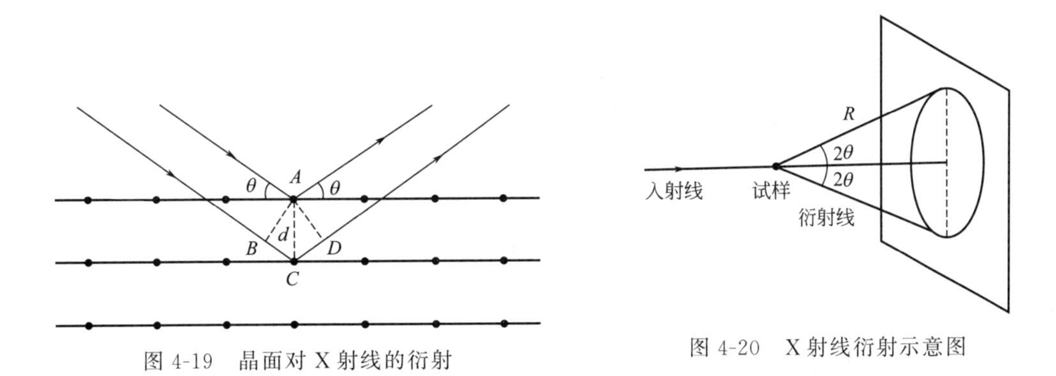

图4-19 晶面对X射线的衍射

图4-20 X射线衍射示意图

图4-20是某一晶面以夹角绕入射线旋转一周，则其衍射线形成了连续的圆锥体，其半圆锥角为 2θ。对于不同的 d 值的晶面只要其夹角能符合式（4-23）的条件，都能产生圆锥形的衍射线组。实验中不是将具有各种 d 值的被测晶面以 θ 夹角绕入射线旋转，而是将被测样品磨成粉末，制成粉末样品，则样品中的晶体做完全无规则的排列，存在着各种可能的晶面取向。由粉末衍射法能得到一系列的衍射数据，可以用德拜照相法或者衍射仪法记录下来。本实验采用X射线衍射仪，直接测定和记录晶体所产生的衍射线的夹角 θ 和强度 I，当衍射仪的辐射探测器计数管绕样品扫描一周时，就可以依次将各个衍射峰记录下来。

2. X射线衍射仪的构造和原理

记录、研究物质的X射线图谱的仪器基本组成包括X射线源、样品及样品位置取向的调整系统、衍射线方向和强度的测量系统、衍射图处理分析系统四部分。对于多晶X射线衍射仪，主要由以下几部分构成：X射线发生器、测角仪、X射线探测器、X射线数据采集系统和各种电气系统、保护系统，如图4-21所示。

3. X射线衍射的实验方法

（1）样品制备

① 粉晶样品的制备　将待测样品在玛瑙研钵中研磨成10μm左右的细粒；将研磨好的细粉填入凹槽，并用平整的玻璃板将其压紧；将槽外或高出样品板面的多余粉末刮去，重新将样品压平，使样品表面与样品板面平整光滑。若是使用带有窗口的样品板，则把样品板面放在表面平整光滑的玻璃板上，将粉末填入窗孔，捣实压紧即可；在样品测试时，应使贴玻璃板的一面朝向入射X射线。

② 特殊样品的制备　对于一些不易研磨成粉末的样品，可先将其锯成窗孔的大小，磨平一面，再用橡皮泥或石蜡将其固定在窗孔内。对于片状、纤维状或薄膜样品，也可取窗孔大小直接嵌固在窗孔内，但固定在窗孔内样品的平整表面与样品板面平齐，并对着入

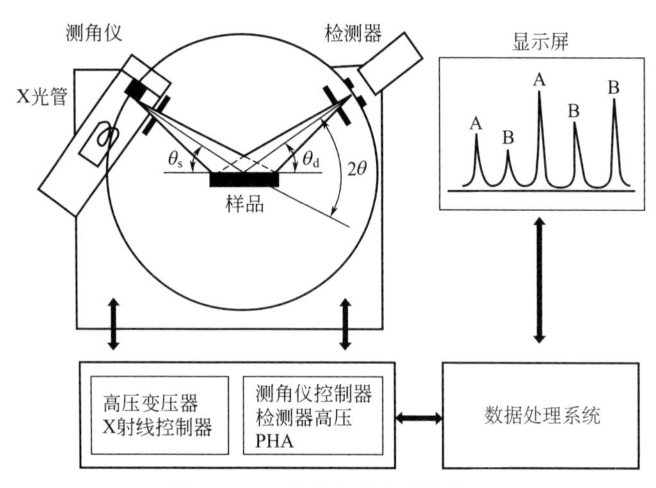

图 4-21　X 射线衍射仪的结构图

射 X 射线。

（2）测量方法和实验参数的选择

① X 射线波长的选择　选靶原则是避免使用能被样品强烈吸收的波长，否则将使样品激发出强的荧光辐射，增高衍射图的背景。选靶规则是 X 射线管靶材的原子序数要比样品中最轻元素（钙及比钙更轻的元素除外）的原子序数小或相等，最多不宜大于 1。

② 狭缝的选择　狭缝的大小对衍射强度和分辨率都有影响。大狭缝可达到较大的衍射强度，但会降低分辨率；小狭缝能够提高分辨率，但会损失强度。一般当需要提高强度时，适宜选较大些的狭缝，需要提高分辨率时，宜选较小些的狭缝。尤其是接收狭缝，对分辨率的影响更大。

每台衍射仪都配有各种狭缝以供选用。其中，发散狭缝是为了限制光束不要照射到样品以外的其他地方，以免引起大量附加的散射或线条；加收狭缝是为了限制待测角度附近区域上的 X 射线进入检测器，其宽度对衍射仪的分辨率、线的强度以及峰高/背底比起着重要作用；防散射狭缝是光路中的辅助狭缝，能够限制由于不同原因所产生的附加散射进入检测器。

③ 测量方式的选择　衍射仪测量方式有连续扫描法和步进扫描法。定速连续扫描是指试样和接收狭缝按角速度比为 1∶2 的固定速度转动。在转动过程中，检测器连续地测量 X 射线的散射强度，各晶面的衍射线依次被接收。连续扫描的优点是工作效率较高，而且有较高的分辨率、灵敏度和精确度，因而对大量的日常工作（一般是物相鉴定工作）是非常适合的。定时步进扫描是指试样每转动一定角度 $\Delta\theta$ 就停止，然后测量记录系统开始工作，测量一个固定时间内的总计数（或计数率），并将此总计数与此时的 2θ 角即时打印出来，或将此总计数转换成计数率用记录仪记录；然后试样再转动一定角度 $\Delta\theta$ 再进行测量；如此一步步进行下去，完成衍射图的扫描。不论是哪一种测量方式，快速扫描的情况下都能相当迅速地给出全部衍射花样，适用于物质的预检，特别适用于对物质进行鉴定或定性估计。对衍射花样局部做非常慢的扫描，适用于精细区分衍射花样的细节和进行定量测量，例如混合物相的定量分析、精确的晶间距离测定、晶粒尺寸和点阵畸变的研

究等。

4. 结晶聚合物分析

在结晶高聚物体系中，结晶和非结晶两种结构对 X 射线衍射贡献不同。结晶部分衍射只发生在特定的 θ 角方向上，衍射光有很高的强度，会出现很窄的衍射峰，其峰位置由晶间距离 d 决定；非晶部分在全部角度内散射。将衍射峰分解为结晶和非结晶两部分，结晶峰面积与总面积之比就是结晶度 f_c。

$$f_c=\frac{I_c}{I_0}=\frac{I_c}{I_0+I_a} \tag{4-24}$$

式中，I_c 为结晶衍射的积分强度；I_a 为非晶散射的积分强度；I_0 为总面积。

高聚物很难得到足够大的单晶，多数为多晶体，晶胞的对称性又不高，故得到的衍射峰都有比较大的宽度，且其谱图又与非晶态的弥散图混在一起，因此难以测定晶胞参数。高聚物结晶的晶粒较小，当晶粒小于 10nm 时，晶体的 X 射线衍射峰就开始弥散变宽，随着晶粒减小，衍射线愈来愈宽。晶粒大小和衍射线宽度之间的关系可由谢乐方程（Scherrer formula）计算：

$$L_{hkl}=\frac{K\lambda}{\beta_{hkl}\cos\theta_{hkl}} \tag{4-25}$$

式中，L_{hkl} 为晶粒垂直于晶面 hkl 方向的平均尺寸，即晶粒度，单位为 nm；β_{hkl} 为该晶面衍射峰的半峰高的宽度，单位为弧度；K 为常数（0.89～1），其值取决于结晶形状，通常取 1；θ_{hkl} 为衍射角，单位为度。根据式（4-25），即可由衍射数据算出晶粒大小。不同的退火条件及结晶条件对晶粒消长有影响。

【实验仪器和试剂】

X 射线衍射仪一台，铜靶 X 光管（波长 λ＝154nm）。

淬火处理和高温结晶处理的等规聚丙烯。

【实验步骤】

1. 样品制备

（1）淬火处理等规聚丙烯　将等规聚丙烯在 240℃热压成 1～2mm 厚的试片，在冰水中骤冷。

（2）高温结晶处理等规聚丙烯　将等规聚丙烯在 240℃热压成 1～2mm 厚，在 140℃的烘箱中恒温 1h 后，空气中冷却至室温。

2. 衍射仪操作

（1）开机前准备和检查　将准备好的试样插入衍射仪样品架上，盖上顶盖，关闭好防护罩。开启水龙头，使冷却水流通。检查 X 光管电源，打开稳压电源。

（2）开机操作　开启衍射仪总电源，启动循环水泵。待准备灯亮后，接通 X 光管电源。缓慢升高电压、电流至需要值（若为新 X 光管或停机再用，需预先在低管压、管流下“老化”后再用）。设置适当的衍射条件。打开记录仪和 X 光管窗口，使计数管在设定条件下扫描。

（3）停机操作　测量完毕，关闭 X 光管窗口和记录仪电源。利用快慢旋转使测角仪计数管恢复至初始状态。缓慢依次降低管电流、电压至最小值，关闭X光管电源，取出试样，15min后关闭循环水泵、水龙头，关闭衍射仪总电源、稳压电源及线路总电源。

3. 实验报告

本实验要求测量两个不同结晶条件的等规聚丙烯样品的衍射谱，对谱图做如下处理。

（1）结晶度计算　对于α晶型的等规聚丙烯，近似地把（110）和（040）两峰间最低点的强度值作为非晶散射的最高值，由此分离出非晶散射部分。因而，实验曲线下的总面积就相当于总的衍射强度I_0。总面积减去非晶散射下面的面积I_a就相当于结晶衍射的强度I_c，即可求得结晶度χ_c。

（2）晶粒度计算　由衍射谱读出hkl晶面的衍射峰的半高宽β_{hkl}即峰位θ，计算出核晶面方向的晶粒度。讨论不同结晶条件对结晶度、晶粒大小的影响。

【思考题】

1. 影响结晶程度的主要因素有哪些？
2. X射线在晶体上产生衍射的条件是什么？
3. 除了X射线衍射法外，还可以使用哪些手段来测定高聚物的结晶度？
4. 除去仪器因素外，X射线衍射图上峰位置不正确可能是由哪些因素造成的？

附录

一、 常见有机溶剂的纯化

1. 环己烷，C_6H_{12}

沸点80.7℃，熔点6.5℃，折射率，$n_D^{20}=1.4263$，相对密度$d_4^{20}=0.7785$。

无色液体，不溶于水，当温度高于57℃时，能与无水乙醇、甲醇、苯、醚、丙酮等混溶。环己烷中含有的杂质主要是苯，作为一般溶剂用，并不要特殊处理，若要除去苯，可用冷的浓硫酸与浓硝酸的混合液洗涤数次，使苯硝化后溶于酸层而除去，然后经水洗、干燥、分馏，压入钠丝保存。

2. 正己烷，C_6H_{14}

沸点68.7℃，折射率$n_D^{20}=1.3784$，相对密度$d_4^{20}=0.6593$。

无色极易挥发性液体，能与醇、醚和三氯甲烷混合，不溶于水。在60～70℃沸程的石油醚中，主要为正己烷，因此在许多方面可以用该沸程的石油醚代替正己烷作溶剂。

目前市售三级纯正己烷，含量95%。纯化方法：先用浓硫酸洗涤数次，继以0.1 mol·L^{-1}高锰酸钾的10%硫酸溶液洗涤，再以0.1mol·L^{-1}高锰酸钾的10%氢氧化钠溶液洗涤。最后用水洗，干燥、蒸馏。

3. 石油醚

石油醚的沸程常用的有30～60℃、60～90℃、90～120℃。其中常含有未饱和的碳氢化合物（主要是芳香族）。有时要除去未饱和的碳氢化合物，纯化方法同正己烷。

4. 苯，C_6H_6

沸点80.1℃，熔点5.5℃，折射率$n_D^{20}=1.5011$，相对密度$d_4^{20}=0.8790$。

普通苯常含有噻吩（沸点84℃），不能用分馏或分级结晶的方法分开，因此，欲制无噻吩的干燥苯，可采用下述方法进行纯化。

噻吩比苯易磺化，将普通苯用相当其10倍体积的浓硫酸反复振摇至酸层无色或微黄色，或检验无噻吩存在时为止，然后分出苯层，用水、10%碳酸钠溶液，依次洗涤，以无水氯化钙干燥，分馏即得。若要绝对无水，再压入钠丝干燥。

检验噻吩的方法：取3mL苯，用10mg靛红与10mL浓硫酸做成的溶液振摇后静置片刻，若有噻吩存在，则显浅蓝绿色。

5. 甲苯，$C_6H_5CH_3$

沸点 110.6℃，折射率 $n_D^{20}=1.4969$，相对密度 $d_4^{20}=0.6690$。

甲苯中含有甲基噻吩（沸点 112～113℃）。处理方法与苯相同，由于甲苯比苯容易磺化，用浓硫酸洗涤时温度应控制在 30℃以下。

6. 甲醇，CH_3OH。

沸点 64.7℃，折射率 $n_D^{20}=1.3286$，相对密度 $d_4^{20}=0.7910$。

目前市售三级纯甲醇含水量不超过 0.5%。因甲醇不与水生成恒沸液，可直接用高效分馏柱分馏制备无水甲醇；或仿照乙醇用镁法制取。

若要求含水量低于 0.1%，亦可用 3A 或 4A 型分子筛干燥。

甲醇吸收空气中的氧能氧化生成甲醛，纯化时应注意，同时也要严格防止吸入水汽。

7. 乙醇，C_2H_5OH

沸点 78.3℃，折射率 $n_D^{20}=1.3616$，相对密度 $d_4^{20}=0.8993$。

普通乙醇含量为 95%。与水成恒沸溶液，不能用一般分馏法除去水分。初步脱水常用生石灰为脱水剂。这是因为：第一，生石灰来源方便；第二，生石灰或由它生成的氢氧化钙皆不溶于乙醇。操作方法：将 600mL 95%乙醇置于 1000mL 圆底烧瓶内。加入 100g 左右刚煅烧的新鲜生石灰，放置过夜，然后在水浴中回流 5～6h，再将乙醇蒸出。如此所得乙醇相当于市售无水乙醇，含量约为 99.5%，若需要绝对无水乙醇还必须选择下述方法进行处理：

① 取 1000mL 圆底烧瓶安装回流冷凝管，在冷凝管上端附加一支氯化钙干燥管，瓶内放置 2～3g 干燥洁净的镁条与 0.3g 碘。加入 30mL 99.5%的乙醇，在水浴内加热至碘粒完全消失（如果不起反应，可再加入数小粒碘），然后继续加热，等镁完全溶解后，加入 500mL 99.5%的乙醇，继续加热回流 1h。蒸出乙醇（先蒸出的 10mL 弃去），收集于干燥洁净的瓶内贮存。如此所得乙醇纯度可超过 99.5%。

由于无水乙醇具有非常强的吸湿性，故在操作过程中必须防止吸入水汽。所用仪器事先置于烘箱内干燥。

利用这一方法脱水是按下列反应过程进行的：

$$Mg+2C_2H_5OH \longrightarrow H_2+Mg(OC_2H_5)_2$$

$$Mg(OC_2H_5)_2+2H_2O \longrightarrow Mg(OH)_2+2C_2H_5OH$$

② 采用金属钠以除去乙醇中含有的微量水分。金属钠与金属镁的作用是相似的。但是单用金属钠并不能达到完全去除乙醇中所含水分的目的。因为这一反应有如下的平衡：

$$C_2H_5ONa+H_2O \rightleftharpoons NaOH+C_2H_5OH$$

若要使平衡向右移动，可以加过量的金属钠，增加乙醇钠的生成量，但这样做会造成乙醇的浪费。因此，通常是加入高沸点的酯（如邻苯二甲酸乙酯或琥珀酸乙酯），以消除反应中生成的氢氧化钠，这样制得的乙醇，只要能严格防潮，含水量可以低于 0.01%。

操作方法：取 500mL99.5%的乙醇盛入 1000mL 圆底烧瓶内。安装回流冷凝管和干燥管，加入 3.5g 金属钠，待其完全作用后，再加入 12.5g 琥珀酸乙酯或 14g 邻苯二甲酸乙酯。回流 2h，然后蒸出乙醇（先蒸出的 10mL 弃去），收集于干燥洁净的瓶内贮存。

测定乙醇中所含微量的水分，可加入乙醇铝的苯溶液。若有大量的白色沉淀生成，证明乙醇中含有的水分超过 0.05%。此法还可测定甲醇中含 0.1%水分、乙醚中含 0.005%水分及醋酸中含 0.1%的水分。

8. 异丙醇，$CH_3CHOHCH_3$

沸点 82.5℃，折射率 $n_D^{20}=1.3772$，相对密度 $d_4^{20}=0.7854$。

异丙醇的溶解度与乙醇极相似，可用以代替乙醇作溶剂，异丙醇与水成共沸混合物（含水 12.1%，共沸点 80.4℃）。目前市售三级纯以上的异丙醇质量较好，只要经过 3A 或 4A 型分子筛干燥后，就可用于制备异丙醇铝。如果从含量 91%左右的异丙醇制备无水异丙醇，可选用下述方法。

① 铜与刚煅烧的新鲜石灰回流 4～5h，用高效分馏柱分馏。收集沸点 82～83℃的馏分，再用无水硫酸铜干燥数天，分馏至沸点恒定，含水量可小于 0.01%。凡碳原子数在五个以下的脂肪醇类均可按此法除去水。

② 加入其质量 10%的粒状氢氧化钠振摇，分出碱液层。再加氢氧化钠振摇，然后将异丙醇分出，分馏即得。

如果异丙醇中水分含量超过 20%或更多，则先用固体氯化钠振摇，待分层后，将上层液分出（约含 87%异丙醇）。分馏可得 91%的恒沸液，然后再照上述方法处理。异丙醇容易产生过氧化物，有时在使用前，需要鉴定是否含过氧化物。除去过氧化物的方法：每升异丙醇加 10～15g 氯化亚锡回流 0.5h（或检查至无过氧化物为止）。再照上述方法脱水。

鉴定过氧化物方法：取 0.5mL 异丙醇加入 1mL 10%碘化钾溶液和 0.5mL 稀盐酸（1∶5）中，再加几滴淀粉溶液，振摇 1min，若显蓝色或蓝黑色，即证明含有过氧化物。

9. 乙醚，$C_2H_5OC_2H_5$

沸点 34.5℃，折射率 $n_D^{20}=1.3527$，相对密度 $d_4^{20}=0.7193$。

工业乙醚中，常含有水和乙醇，若贮存不当，还可能产生过氧化物这些杂质。对于一些要求用无水乙醚作溶剂的实验是不适合的，特别是过氧化物存在时，还有发生爆炸的危险。

纯化乙醚可选择下述方法。

(1) 取 500mL 的普通乙醚，置于 1000mL 的分液漏斗内，加入 50mL 新鲜配制的 10%亚硫酸氢钠溶液；或加入 10mL 硫酸亚铁溶液和 100mL 水充分振摇（若乙醚中不含过氧化物，则可省去这步操作。过氧化物的鉴定同异丙醇）。然后分出醚层，用饱和食盐溶液洗涤二次，再用无水氯化钙干燥数天，过滤、蒸馏。将蒸出的乙醚，放在干燥的磨口试剂瓶中，压入金属钠丝干燥，如果乙醚不够干燥，当压入钠丝时，即会产生大量气泡，遇到这种情况、暂时先用装用氯化钙干燥管的软木塞塞住，放置 24h 后，过滤到另一个干燥试剂瓶中，再压入金属钠丝，至不再产生气泡，钠丝表面保持光泽，即可盖上磨口玻塞备用。

硫酸亚铁溶液的制备：取 100mL 水，慢慢加入 6mL 浓硫酸，再加入 60g 硫酸亚铁溶解即得。

(2) 经无水氯化钙干燥后的乙醚，也可用 4A 分子筛干燥，所得绝对无水乙醚能直接用于格氏反应。

为了防止乙醚在贮存过程中生成过氧化物，除尽量避免与光和空气接触外，可于乙醚内加入少许铁屑，或干燥固体氢氧化钾，盛于棕色瓶内，贮存于阴凉处。

为了防止事故发生，对在一般条件下保存的或贮存过久的乙醚，除已鉴定不含过氧化物的以外，蒸馏时都不要全部蒸干。

10. 四氢呋喃，

```
H2C—CH2
 |    |
H2C  CH2
  \  /
   O
```

沸点 66℃，折射率 $n_D^{20}=1.4071$，相对密度 $d_4^{20}=0.8892$。

四氢呋喃与水混合，久贮后，可能含有过氧化物（鉴定方法同异丙醇）。

目前市售三级纯四氢呋喃含量为 95%。纯化方法：通常是用固体氢氧化钾干燥数天，过滤。加少许氢化铝锂蒸馏；或直接在搅拌下分次少量加入氢化铝锂，直到不发生氢气为止。在搅拌下蒸馏（蒸馏时不宜蒸干），压入钠丝保存。

根据《有机合成》[Org. Syn. 46，105(1966)]所载，四氢呋喃若含有过氧化物，用氢氧化钾处理会发生爆炸。

11. 二氧六环，

```
  CH2—CH2
 /       \
O         O
 \       /
  CH2—CH2
```

沸点 101.5℃，熔点 12℃，折射率 $n_D^{20}=1.4224$，相对密度 $d_4^{20}=1.0336$。

可与水任意混合，作用与醚相似。普通二氧六环含有少量二丁醇缩醛与水，久贮的二氧六环还可能含有过氧化物（关于过氧化物的鉴定和去除同异丙醇）。

二氧六环的纯化：一般加入 10%（质量分数）的浓盐酸与之回流 3h，同时慢慢通入氮气，以除去生成的乙醛，待冷，加入粒状氢氧化钾直至不再溶解，然后将水层分去，再用粒状氢氧化钾干燥一天后，过滤，再加金属钠丝加热回流数小时，蒸馏即得，压入钠丝保存。

12. 丙酮，CH_3COCH_3

沸点 56.3℃，折射率 $n_D^{20}=1.3586$，相对密度 $d_4^{20}=0.7890$。

目前市售丙酮纯度较高，含水量不超过 0.5%，一般直接用 3A 型分子筛，或用无水硫酸钙或碳酸钾干燥即可。若要求含水量低于 0.05%，将上述干燥的丙酮，再用五氧化二磷干燥，蒸馏即得。如果丙酮中含有醛或其他还原性的物质，可逐滴加入少量高锰酸钾回流直至紫色不褪。然后，再用无水硫酸钙或碳酸钾干燥后蒸馏；或用碘化钠使与之生成加成物，再经分解及分馏即得（参考甲乙酮的纯化）。

13. 甲乙酮（丁酮），$CH_3COCH_2CH_3$

沸点 79.6℃，折射率 $n_D^{20}=1.3788$，相对密度 $d_4^{20}=0.8049$。

甲乙酮具有与丙酮相似的性质，一般纯化可用无水硫酸钙或碳酸钾干燥后，分馏，收集沸点 79～80℃的馏分，即可作为重结晶用溶剂。倘要进一步纯化，则可做成碘化钠的加成物，再分解蒸馏即得。其操作如下：将沸点 79～80℃的馏分甲乙酮与碘化钠加热回流使之饱和，趁热过滤（用保温漏斗）。用冰盐冷却，加成化合物即变成白色固体析出（熔点 73～74℃），过滤后分馏即得。

14. 三氯甲烷（氯仿），$CHCl_3$

沸点 61.2℃，折射率 $n_D^{20}=1.4455$，相对密度 $d_4^{20}=1.4984$。

普通三氯甲烷含有约 1%的乙醇作为稳定剂。纯化方法：依次用相当 5%体积的浓硫酸、水、稀氢氧化钠溶液和水洗涤。再以无水氯化钙干燥，蒸馏即得。不含有乙醇的三氯甲烷应装于棕色瓶贮存在阴凉处，避免光化作用产生光气。三氯甲烷不能用金属钠干燥，因会发生爆炸。

15. 四氯化碳，CCl_4

沸点 76.8℃，折射率 $n_D^{20}=1.4603$，相对密度 $d_4^{20}=1.6037$。

目前四氯化碳主要用二硫化碳经氯化制得，因此普通四氯化碳中含有二硫化碳（含量约为 4%）。

纯化方法：将 1L 四氯化碳与相当于含有的二硫化碳量的 1.5 倍的氢氧化钾溶于等量的水中，再加 100mL 乙醇。剧烈振摇 0.5h（温度 50～60℃），必要时可减半量重复振摇一次，然后分出四氯化碳。先用水洗，再用少量浓硫酸洗至无色，最后再以水洗，然后用无水氯化钙干燥，蒸馏即得。

四氯化碳不能用金属钠干燥，否则会发生爆炸。

16. 1,2-二氯乙烷，$ClCH_2CH_2Cl$

沸点 83.4℃，折射率 $n_D^{20}=1.4448$，相对密度 $d_4^{20}=1.2531$。

无色油状液体，具芳香味。溶于 120 份水中，与水成恒沸溶液，含 81.5%的 1,2-二氯甲烷，沸点 72℃，可与乙醇、乙醚和三氯甲烷相混合，在结晶提取时是极有用的溶剂。比常用的含氯有机溶剂更为活泼。

纯化方法：依次用浓硫酸、水、稀碱溶液和水洗涤。以无水氯化钙干燥或加入五氧化二磷即得。

17. 吡啶，C_5H_5N

沸点 115℃，折射率 $n_D^{20}=1.5101$，相对密度 $d_4^{20}=0.9831$。

吡啶吸水力强，能与水、醇和醚任意混合，与水成恒沸溶液后，沸点 94℃。

目前市售分析纯含量为 99%，若要制备无水吡啶，需用固体氢氧化钠回流干燥。经过高效分馏后，储存于含有氧化钡、分子筛或氢化钙的容器保存。

普通吡啶的纯化：先用氢氧化钠干燥，经过分馏，收集沸点为 113～117℃的馏分。然后另取 424g 二氯化锌溶于 300mL 水、173mL 浓盐酸和 254mL 无水乙醇中，将分馏过的 500mL 吡啶加入，即有结晶析出（可能为 $2C_5H_5N \cdot ZnCl_2$）。过滤，以无水乙醇重结晶两次，所得干燥固体，按每 100g 质量加 267g 的氢氧化钠分解。滤除沉淀。将吡啶用固体氢氧化钠干燥。分馏即得。

18. *N*,*N*-二甲基甲酰胺，$HCON(CH_3)_2$

沸点 153℃，折射率 $n_D^{20}=1.4303$，相对密度 $d_4^{20}=0.9847$。

为无色液体，可与多数有机溶剂和水任意混合。化学和热稳定性好。对有机和无机化合物的溶解范围广。市售三级纯以上含量不低于 95%。主要杂质为胺、氨、甲醛和水。

纯化方法：

(1) 先用无水硫酸镁干燥 24h，再加固体氢氧化钾振摇，然后蒸馏。

(2) 取 250g 二甲基甲酰胺、30g 苯和 12g 水，分馏，先将苯、水、胺和氨蒸除，然后减压蒸馏即得纯品。

(3) 若含水量低于 0.05%，可用 4A 型分子筛干燥 12h 以上，然后蒸馏。二甲基甲酰胺见光可慢慢分解为二甲胺和甲醛。因此宜避光贮存。

19. 二硫化碳，CS_2

沸点 46.3℃，折射率 $n_D^{20}=1.6297$，相对密度 $d_4^{20}=1.2700$。

二硫化碳有毒，易着火，使用时必须注意。纯品应为无色液体。普通二硫化碳中常含有硫化氢、硫黄与二氧化碳等杂质，故其味难闻。久置后，颜色变黄。

二硫化碳的纯化：先用 0.5%高锰酸钾水溶液洗涤，除去硫化氢；再加汞振摇，除去硫磺；然后用冷硫酸汞饱和溶液洗涤，除去恶臭。最后用无水氯化钙干燥蒸馏即得。

20. 二甲亚砜，CH_3SOCH_3

沸点 189℃，熔点 18.5℃，折射率 $n_D^{20}=1.4783$，相对密度 $d_4^{20}=1.0954$。

为无色、无臭、微带苦味的吸湿性液体，在常压下加热沸腾可部分分解。市售试剂级二甲亚砜含水量约为 1%，通常先减压蒸馏，然后用 4A 型分子筛干燥；或加入氯化钙粉搅拌 4～8h，再减压蒸馏，收集沸点 64～65℃/533.28Pa (4mmHg) 馏分。蒸馏时，温度不宜高于 90℃，否则会发生歧化反应生成二甲砜和二甲硫醚。二甲亚砜与某些物质（例如，氢氧化钠、高碘酸或高氯酸镁等）混合时可能发生爆炸，应予注意。

二、 常见单体的物理常数

名称	分子量	密度/g·mL⁻¹(20℃)	熔点/℃	沸点/℃	折射率(20℃)
乙烯	28.05	0.384(−10℃)	−169.2	−103.2	1.363(−110℃)
丙烯	42.07	0.5139	−185.2	−47.8	1.3567(−70℃)
丁烯	56.11	0.5951(20℃)	−185.4	−6.3	1.3962(−20℃)
丁二烯	54.09	0.6211	−108.9	−4.4	1.4292(−25℃)
异戊二烯	68.12	0.6810	−146	34	1.4220
氯乙烯	62.5	0.9918(−15℃)	−153.79	−13.37	1.380
丙烯腈	53.06	0.8060	−83.8	77.3	1.3911
丙烯酰胺	71.08	1.122(30℃)	−84.8	−125/25mmHg①	
丙烯酸甲酯	86.09	0.9535	−70	80	1.3984
醋酸乙烯酯	86.09	0.9317	−93.2	72.5	1.3959
甲基丙烯酸甲酯	100.12	0.9440	−48	100.5	1.4142
己内酰胺	113.16	1.02	70	139/12mmHg	1.4784
己二胺	116.2		39～40	100/20mmHg	
己二酸	146.14	1.366	153	265/100mmHg	
顺丁烯二酸酐	93.06	1.48	52.8	200	
邻苯二甲酸酐	148.12	1.527(4℃)	130.8	284.5	
对苯二甲酸二甲酯	194.19	1.283	140.6	288	
乙二醇	62.07	1.1088	−12.3	197.2	1.4328
双酚 A	228.29	1.195	153.5	250/13mmHg	
环氧氯丙烷	87.49	1.1807	−57.2	116.2	1.4381
苯乙烯	104.15	0.9060	−30.6	145	1.5468

① 1mmHg=133.322Pa

三、一些单体及聚合物的折射率和密度

名称	n_D^{20}		密度/g·mL^{-1}(25℃)		体积收缩×100
	单体	聚合物	单体	聚合物	
氯乙烯	1.380	1.545	0.919	1.406	34.4
丙烯腈	1.3888	1.518	0.800	1.17	31
偏二氯乙烯	1.4249	1.654	1.213	1.71	28.6
甲基丙烯酸	1.401	1.520	0.800	1.10	27.0
丙烯酸甲酯	1.4201	1.4725	0.952	1.223	22.1
醋酸乙烯酯	1.3956	1.4667	0.934	1.191	21.6
甲基丙烯酸甲酯	1.4147	1.492	0.940	1.179	20.6
苯乙烯	1.5458	1.5935	0.905	1.062	14.5
丁二烯	1.4292(−25℃)	1.5149	0.6276	0.906	44.4
异戊二烯	1.4220	1.5191	0.6805	0.906	33.2

四、常用冷却剂的配制方法

配制方法	冷却温度/℃	配制方法	冷却温度/℃
冰＋水混合物	0	冰 100 份＋$CaCl_2·6H_2O$100 份	−29
冰 100 份＋氯化铵 25 份	−15	冰 100 份＋氯化钠 13 份＋硝酸钠 37.5 份	−30.7
冰 100 份＋硝酸钠 50 份	−18	冰 100 份＋碳酸钾 33 份	−46
冰 100 份＋氯化钠 33 份	−21	冰 100 份＋$CaCl_2·6H_2O$ 43 份	−55
冰 100 份＋氯化钠 40 份＋氯化铵 20 份	−25		

五、常用干燥剂的性质

干燥剂名称	酸-碱性质	与水作用产物	特点及使用注意事项
P_2O_5	酸性	HPO_3 $H_4P_2O_7$ H_3PO_4	参见 H_2SO_4，适用于醚类、芳香卤化物及芳烃。脱水效率高
CaH_2	碱性	$H_2+Ca(OH)_2$	效率高，作用慢，适用于碱性、中性、弱酸性化合物。不能用于对碱敏感的化合物
Na	碱性	H_2+NaOH	效率高，作用慢，不可用于对其敏感的化合物，应注意过量干燥剂的分解和安全
CaO 或 BaO	碱性	$Ca(OH)_2$ $Ba(OH)_2$	效率高，作用慢，适用于醇及胺，不适用于对碱敏感的化合物
KOH 或 NaOH	碱性	溶液	快速有效，几乎限于干燥胺类
$CaSO_4$	中性	$CaSO_4·\frac{1}{2}H_2O$ $CaSO_4·H_2O$	作用快，效率高，脱水量小，$CaSO_4·\frac{1}{2}H_2O$ 加热 2～3h 即可失水
$CuSO_4$	中性	$CuSO_4·3H_2O$ $CuSO_4·5H_2O$ $CuSO_4·H_2O$	效率高，但价格较贵
K_2CO_3	碱性	$K_2CO_3·\frac{3}{2}H_2O$ $K_2CO_3·2H_2O$	脱水量及效率一般，适用于酯类、腈类和酮类，但不可用于酸性有机物
H_2SO_4	酸性	$H_3O^{\oplus}HSO_4^{\ominus}$	适用于烷基卤化物和脂肪烃，但不可用于烯或醚等弱碱性物质，脱水效率高

续表

干燥剂名称	酸-碱性质	与水作用产物	特点及使用注意事项
3A 或 4A 分子筛	中性	能牢固吸着水分	快速高效，需经初步干燥，3A 及 4A 分子筛允许水分及其他小分子加氨进入，水由于水化而被牢固吸着，分子筛可在常压或减压下 300～320℃加热活化
$CaCl_2$	中性	$CaCl_2 \cdot H_2O$ $CaCl_2 \cdot 2H_2O$ $CaCl_2 \cdot 6H_2O$	脱水量大，作用快，效率不高，易分离，不可用来干燥醇类、胺类(因其生成化合物)或酚、酯类[因常含有 $Ca(OH)_2$]，氯化钙水合物在 30℃脱水
Na_2SO_4	中性	$Na_2SO_4 \cdot 7H_2O$ $Na_2SO_4 \cdot 10H_2O$	脱水量大，价格便宜，作用慢，效率低，需过滤分离，十水合物在 33℃以上脱水
$MgSO_4$	中性	$MgSO_4 \cdot H_2O$ $MgSO_4 \cdot 7H_2O$	比 Na_2SO_4 作用快，效率高，为良好的常用干燥剂，$MgSO_4 \cdot 7H_2O$ 在 48℃以上失水

六、 一些加热用液体的沸点

名称	沸点/℃	名称	沸点/℃	名称	沸点/℃
水	100	乙二醇	197	二缩三乙二醇	282
甲苯	111	间甲酚	202	邻苯二甲酸二甲酯	283
正丁醇	117	四氢化萘	206	邻羟基联苯	285
氯苯	133	萘	218	二苯酮	305
间二甲苯	139	正癸醇	231	对羟基联苯	308
环己酮	156	甲基萘	242	六氯苯	310
乙基苯基醚	166	一缩二乙二醇	245	邻联三苯	330
对异丙基甲苯	176	联苯	255	蒽	340
邻二氯苯	179	二苯基甲烷	265	蒽醌	380
苯酚	181	甲基萘基醚	275	邻苯二甲酸二异辛酯	370
十氢化萘	190				

七、 高聚物的精制

高聚物具有多分散性和不挥发性，因此，精制高聚物的概念和方法就与低分子物质的不同。所谓高聚物的精制是指将其中所含的杂质除去。高聚物中的杂质可以是引发剂及其分解产物，单体的分解物或反应的副产物，以及其他各种添加剂（乳化剂、分散剂等），也可以是同分异构的高聚物或原料高聚物（前者如有规立构体和无规立构体的分离，后者如接枝后的产物与所用原料高聚物的分离）。

根据所除去杂质的性质，可以采用不同的高聚物精制方法，一般有洗涤法、萃取法、溶解沉淀法、渗析法、电泳法等。

1. 洗涤法

将高聚物在适当的溶剂中反复洗涤，用溶解的办法除去其中所含的杂质。这种方法是最简单的精制操作。对于颗粒度很小的聚合物来说，因其表面积大，洗涤效果尚可；但颗粒较大的物质则洗不净里面的杂质。故此法精制效果不十分理想，只能达到一般洗净的目的。正是基于此点，一般用洗涤法作为辅助步骤，即当萃取或沉淀之后，再进一步洗涤干净。常用的清洗剂有水和醇等。

2. 萃取法

此法是精制高聚物的重要方法，它是用溶剂萃取出高聚物中的杂质，一般多在索氏提取器中进行。

索氏提取器如附图1所示，它由烧瓶1、带两个侧管的提取器5和冷凝管6构成。侧管3是溶剂蒸气的通路，侧管2是往烧瓶中溢流溶液的虹吸管。将被萃取的聚合物样品放在滤纸筒4内，把它置于提取器5中，使其上端低于虹吸管2的最高处约5mm。在烧瓶1中装入适当的溶剂，其量约为烧瓶容积的2/3。加热烧瓶使溶剂沸腾（采用水浴或油浴，视溶剂的沸点而定），溶剂蒸气顺着侧管3上升到提取器中并在冷凝管内冷凝回流，液态溶剂流经装有试样的纸筒时，萃取出可溶组分，并逐渐充满提取器，当液面升到虹吸管最高点时，所有液体都很快地由提取器中虹吸入烧瓶内，此后萃取过程又重新进行。维持正常的沸腾使提取器每小时被溶剂充满10～12次，经过一定的时间，聚合物中的可溶组分就完全被萃取于烧瓶内，再用适当方法蒸出溶剂而达到精制的目的。

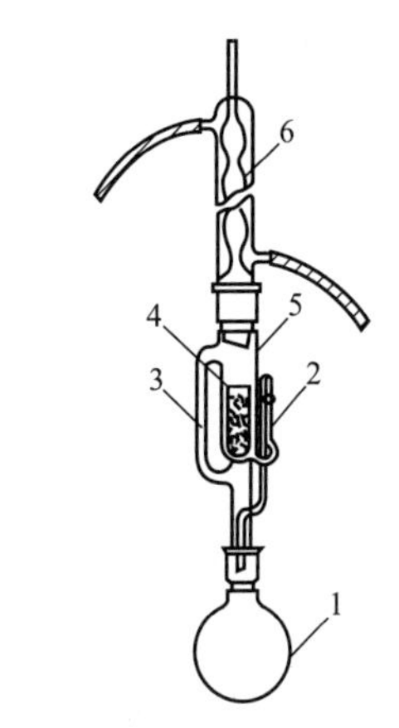

附图1　索氏提取器

1—烧瓶；2—虹吸管；3—侧管；4—滤纸筒；5—提取器；6—冷凝管

3. 溶解沉淀法

这种方法是精制高聚物最古老、也是应用最广泛的方法。将高聚物溶解于溶剂中，然后加入对聚合物不溶而和溶剂能混溶的沉淀剂，以使聚合物再沉淀出来，这就是溶解沉淀法。对所选择的沉淀剂，希望它能够溶解全部的杂质。聚合物溶液的浓度、混合速度、混合方法、沉淀时间和温度等，对于所分离出的聚合物的外观影响很大，如果聚合物溶液浓度过高，则溶剂和沉淀剂的混合性较差，沉淀物成为橡胶状。而浓度过低时，聚合物又成为微细粉状，分离困难。为此，需选择适当的聚合物浓度。同时，沉淀过程中还应注意搅拌方式和速度。在沉淀中，沉淀剂一般用量为溶液的5～10倍，溶剂和沉淀剂可以用真空干燥法除去。但需要时间较长。

现将几种高聚物的溶解沉淀方法简单介绍如下。

（1）聚苯乙烯的精制

聚苯乙烯的溶剂很多，如苯、甲苯、丁酮、氯仿等。而沉淀剂常用甲醇或乙醇。将3g商品聚苯乙烯溶于200mL甲苯，离心分离除去不溶性杂质。在玻璃棒搅拌下，慢慢将聚合物溶液滴加到1L甲醇中，聚苯乙烯成为粉末状沉淀。放置过夜，倾出上层澄清液，用熔结玻璃砂芯漏斗过滤，吸干甲醇，于室温、133.322～399.966Pa（1～3mmHg）真空干燥24h。

（2）聚甲基丙烯酸甲酯的精制

通常聚甲基丙烯酸甲酯采用的溶剂-沉淀的组合为：苯-甲醇、氯仿-石油醚、甲苯-二硫化碳、丙酮-甲醇、氯仿-乙醚。甲基丙烯酸甲酯溶液或本体聚合的产物，常常直接注入到甲醇中，使聚合物沉淀出来。或者先把聚合物配成2%的苯溶液，再加到大大过量的甲醇中，使其再沉淀，将沉淀物在100℃下真空干燥。再溶解沉淀，反复如此操作二次以除去全部杂质。

（3）聚醋酸乙烯酯的精制

聚醋酸乙烯酯的软化点低，黏性大，又对引发剂（或者分解后生成物）及溶剂的溶解度很大，所以除去其中杂质很难。在提纯聚醋酸乙烯酯时，常用丙酮或甲醇的聚合物溶液，加到大量水中沉淀；苯的聚合物溶液加到乙醚中或甲醇溶液加到二硫化碳或环己烷中沉淀等。

对于溶液聚合物，当转化率不大（50%以下）时，可以在加入阻聚剂丙酮溶液之后，倒入石油醚中，更换二次石油醚以后，放入沸水中煮。当转化率更高时，可以直接放入冷水中浸泡一天，然后在沸水中煮，或者用丙酮溶解，将其溶液加到水中沉淀。

有人也采用在反应完毕后，将聚合物用冰冷却，然后减压抽去单体及溶剂，残余物再溶解，进行沉淀处理。

现将一些聚合物和共聚物溶解沉淀时，使用的溶剂与沉淀剂列于附表1、附表2和附表3。

附表1　各类高聚物在不同溶剂中的溶解情况（+—溶解；*—部分溶解；——不溶）

溶剂＼聚合物	聚苯乙烯	聚甲基丙烯酸甲酯	聚丙烯酸甲酯	聚醋酸乙烯酯	聚乙烯醇	聚乙烯醇缩甲醛	聚乙烯醇缩乙醛	聚乙烯醇缩丁醛（含11%羟基）	聚乙烯醇缩丁醛（含19%羟基）	聚氯乙烯	聚偏二氯乙烯	氯乙烯-醋酸乙烯酯共聚物（含氯乙烯85%～91%）	氯乙烯-醋酸乙烯酯共聚物（含氯乙烯93%～95%）	聚丙烯腈	聚乙烯基醚	聚-2-乙烯基吡啶	聚异丁烯	聚丙烯	聚乙烯
甲醇、乙醇	—	—	—	+	—	—	+	+	+	—	—	—	—	—	+	+	—		
丁醇	—	—	—	—	—	—		+	+	—	—	—	—	—	+		—		
甲酯或醋酸乙酯	+	+	+	+	—	—	—	+	+	—	—	+	—	—	+		—		
醋酸丁酯	+	+	+	+	—	—		+	*	—	—	+	—	+	+		—		
乙醚			—	*	—	—	—	*	*	—	—	—	—	—	+	*	*		
二氧六环	+	+	+	+	—	+	+	+	+	+	+	+	+	—	+	+			
溶纤剂(乙二醇乙醚)	—	+	+	+	—	—		+	+	—	—	—	—	—					
乙二醇	—	—	—	—	*	—	—	—	—	—	—	—	—	—					
二氯乙烷	+	+	+	+	—	+	+	+	*	+	—	+	+	—		+			
氯仿	+	+		+	—	+	+	+	+	*	—			—	+		+	+	—
二氯甲烷	+	+	+		—	+	+	+	—	+	—	+	+	—		+			
四氯化碳	+	—	—	*			+							—			+		
硝基甲烷	+	+		+		+	+	—	—	—	—	+	*	—		+			
苯、甲苯	+	+	+	+	—	—	—	+	*	—	—	—	—		+	+	+		
石油醚	*	—	—	—	—	—	—	—	—	—	—	—	—	—	+	+	+		
丙酮	+	+	+	+	—	—	*	*	*	*	—	+	*	+	+	—	—		—
环己烷	*									—	—	—		—			+		—
环己醇	—	—		—						—				—					—
环己酮	+	+				+	+			+	—	+		—	+				
吡啶	+	+		+	—	—	+	+	+	*	—	+		—	+	+	+		
二甲基甲酰胺					—	+				+	+	+	+	+	+				
醋酸	—	+	+	+	—	—	+	+	+	—	—	—	—	—					
水	—	—	—	—	+	—	—	—	—	—	—	—	—	—	—	—	—	—	—
二硫化碳				—						—	—			—				+	—
氯苯		+		+			+							—					+
挥发油（沸点201.35℃）		—		—	—					—	—				—				—
轻汽油（沸点>128℃）	+	—								—	—			—					—
汽油	+	*		—						—	—			—				+	—
四氢呋喃	+	*		+						+	+			—					—

附表 2　乙烯类单体均聚物溶解、沉淀的溶剂与沉淀剂

聚合物	溶剂	沉淀剂	聚合物	溶剂	沉淀剂
聚氯乙烯	环己酮-丙酮(1∶3)	甲醇	聚 α-卤代丙烯酸酯	二氧六环	乙醚或乙醇
	二氧六环-甲乙酮	环己烷		苯	石油醚
	环己酮	甲醇		丙酮	甲醇
	硝基苯	甲醇	聚甲基乙烯基酮	丙酮	水
	四氢呋喃	水	聚乙烯基吡咯	甲醇	乙醚
	氯苯	苯		水	丙酮
	环己酮	正丁醇		乙醇	苯
聚偏二氯乙烯	四氢化萘	乙醇-石油醚	聚乙烯	二甲苯(加热)	乙醇
聚苯乙烯	苯、甲苯、丁酮或氯仿	甲醇或乙醇		二甲苯	甲醇
聚丙烯腈	二甲基甲酰胺	甲醇	聚甲基丙烯酸甲酯	丁酮	甲醇
	羟乙腈	苯-乙醇		丙酮	甲醇
	二甲基甲酰胺	庚烷-乙醚		苯	甲醇
	二甲基甲酰胺	庚烷		氯仿	石油醚
聚丙烯酰胺	水	甲醇、乙醇、丙酮	聚硫代丙烯酸酯	苯	甲醇
聚异丁烯	苯	甲醇	聚醋酸乙烯酯	丙酮或甲醇	水

附表 3　乙烯类单体共聚物溶解、沉淀的溶剂与沉淀剂

共聚物	溶剂	沉淀剂
聚苯乙烯-甲基丙烯酸甲脂	苯	甲醇
	二氧六环或丁酮	甲醇
聚苯乙烯-偏二氯乙烯	苯	甲醇
聚苯乙烯-丙烯腈	二甲基甲酰胺	甲醇或石油醚
聚苯乙烯-2-乙烯基吡啶	甲苯	石油醚
聚苯乙烯-异丁烯	苯	异丙醇
聚甲基丙烯酸甲酯-甲基丙烯酸	丁酮	己烷
聚甲基丙烯酸甲酯-氯乙烯	丁酮	己烷
聚甲基丙烯酸甲酯-偏二氯乙烯	苯	甲醇
	丙酮	甲醇
聚甲基丙烯酸甲酯-丙烯腈	丁酮或二甲基甲酰胺	甲醇
聚甲基丙烯酸甲酯-2-乙烯基吡啶	丁酮	己烷
聚丙烯酸甲酯-丙烯腈	二甲基甲酰胺	甲醇或石油醚
聚醋酸乙烯酯-氯乙烯	氯仿-丙酮	石油醚
	丁酮	甲醇
	二氧六环-丁酮	甲醇
	丙酮	石油醚
	二甲基甲酰胺	甲醇

续表

共聚物	溶剂	沉淀剂
聚醋酸乙烯酯-偏二氯乙烯	苯	甲醇
聚醋酸乙烯酯-2-乙烯基吡啶	丁酮	石油醚
聚氯乙烯-偏二氯乙烯	丁酮	甲醇
聚偏二氯乙烯-丙烯腈	二甲基甲酰胺	甲醇或石油醚
聚氯乙烯-异丁烯	丙酮	甲醇

八、 一些聚合物的玻璃化转变温度

聚合物	T_g/K
聚丙烯酸酯类	
聚丙烯酸	360
聚丙烯腈	378
聚丙烯酸甲酯	275
聚丙烯酸乙酯	251
聚丙烯酸异丙酯	272
聚丙烯酸丁酯	217
聚丙烯酸仲丁酯	256
聚丙烯酸叔丁酯	304
聚丙烯酸乙基丙酯	267
聚丙烯酸苄基酯	279
聚丙烯酸对氰基苄酯	317
聚丙烯酸对氰基苯酯	365
聚苯甲酸酯类	
聚苯甲酸乙烯酯	344
聚间溴苯甲酸乙烯酯	331
聚对溴苯甲酸乙烯酯	365
聚对异丁基苯甲酸乙烯酯	374
聚间甲基苯甲酸乙烯酯	324
聚邻甲基苯甲酸乙烯酯	321
聚对甲基苯甲酸乙烯酯	343
聚间硝基苯甲酸乙烯酯	366
聚对硝基苯甲酸乙烯酯	395
聚对丙基苯甲酸乙烯酯	342
聚间氯苯甲酸乙烯酯	338
聚邻氯苯甲酸乙烯酯	335
聚对氯苯甲酸乙烯酯	357
聚对乙基苯甲酸乙烯酯	326
聚对乙氧羰基苯甲酸乙烯酯	345
聚乙烯基类和聚亚乙烯基类	
聚乙烯醇缩醛	335
聚乙烯醇缩甲醛	378
聚乙烯醇缩丁醛	322
聚醋酸乙烯酯	305
聚乙烯基甲基醚	251
聚乙烯基乙醚	240
聚乙烯基异丙醚	261
聚乙烯基异丁醚	251
聚乙烯基己醚	199
聚偏二氟乙烯	228
聚偏二氯乙烯	256
聚丙酸乙烯酯	345
聚甲酸乙烯酯	304
聚氟乙烯	303
聚氯乙烯	357
聚甲基丙烯腈	393
聚二烯	
聚1,2-丁二烯	269
聚1,4-丁二烯（反式）	255
聚1,4-丁二烯（顺式）	165
聚戊二烯（反式）	158
聚戊二烯（顺式）	173
聚亚甲基丁二酸酯类	
聚衣康甲酯	368
聚衣康酸丙酯	331
聚衣康酸丁酯	285
聚衣康酸戊酯	278
聚衣康酸己酯	255
聚衣康酸十二烷酯	240
聚马来酰亚胺类	
聚马来酰亚胺乙酯	524
聚马来酰亚胺丁酯	461
聚马来酰亚胺己酯	422
聚马来酰亚胺辛酯	394
聚马来酰亚胺癸酯	369
聚马来酰亚胺十二烷酯	355
聚马来酰亚胺十四烷酯	351
聚马来酰亚胺十四酯	348
聚马来酰亚胺十八烷酯	348
聚甲基丙烯酸酯类	
聚甲基丙烯酸甲酯	
无规立构	378
全同立构	319
间同立构	394
聚甲基丙烯酸乙酯	338
聚甲基丙烯酸丙酯	308
聚甲基丙烯酸异丙酯	
无规立构	354
全同立构	300
间同立构	358
聚甲基丙烯酸丁酯	300
聚甲基丙烯酸仲丁酯	333
聚甲基丙烯酸叔丁酯	380
聚甲基丙烯酸异丁酯	
无规立构	326
全同立构	281
聚甲基丙烯酸戊酯	268
聚甲基丙烯酸己酯	268
聚甲基丙烯酸辛酯	253
聚甲基丙烯酸癸酯	228
聚甲基丙烯酸十二烷酯	208
聚甲基丙烯酸十四烷酯	264
聚甲基丙烯酸苄酯	327
聚甲基丙烯酸苯酯	396
聚甲基丙烯酸氰基苯酯	428
聚甲基丙烯酸氰基甲基苯酯	401
聚甲基丙烯酸环己酯	
无规立构	339
全同立构	324
聚甲基丙烯酸-2-羟基乙酯	328
聚甲基丙烯酸缩水甘油酯	319
聚甲基丙烯酸二甲胺基乙酯	291
聚甲基丙烯酸-2-溴乙酯	325
聚甲基丙烯酸-2-甲氧基乙酯	290

九、常用高聚物的特性黏度-分子量关系式 $[\eta]=K\overline{M}_{\eta}^{\alpha}$ 中的参数值

高聚物名称	溶剂名称	温度/℃	$K\times10^3$ /mL·g^{-1}	α	测量方法[①]	$\overline{M}_{\eta}$范围($M\times10^{-4}$)
聚乙烯(低压)	联苯	127.5	323	0.50	LV	2～30
聚乙烯(低压)	四氢萘	105	16.2	0.83	LS	13～57
聚乙烯(低压)	十氢萘	135	62	0.70	LS	2～105
聚乙烯(低压)	十氢萘	135	67.7	0.67	LS	3～100
聚乙烯(高压)	十氢萘	135	46	0.73	LS	2.5～64
聚乙烯(高压)	十氢萘	70	38.7	0.738	OS	0.26～3.5
聚乙烯(高压)	对二甲苯	81	105	0.63	OS	1～10
聚丙烯(无规立构)	苯	25	27.0	0.71	OS	6～31
聚丙烯(无规立构)	甲苯	30	21.8	0.725	OS	2～34
聚丙烯(无规立构)	十氢萘	135	15.8	0.77	OS	2.0～40
聚丙烯(无规立构)	十氢萘	135	11.0	0.80	LS	2～62
聚丙烯(等规立构)	十氢萘	135	10.0	0.80	LS	10～100
聚丙烯(等规立构)	联苯	125.1	152	0.50	LV	5～42
聚丙烯(间同立构)	庚烷	30	31.2	0.71	LS	9～45
聚氯乙烯	环己酮	25	204	0.56	OS	1.9～15
聚氯乙烯	环己酮	20	11.6	0.85	OS	2～10
聚氯乙烯	四氢呋喃	25	49.8	0.69	LS	4～40
聚氯乙烯	四氢呋喃	30	63.8	0.65	LS	3～32
聚苯乙烯	苯	25	9.18	0.743	LS	3～70
聚苯乙烯	苯	25	11.3	0.73	OS	7～180
聚苯乙烯	氯仿	25	11.2	0.73	OS	7～15
聚苯乙烯	氯仿	30	4.9	0.794	OS	19～273
聚苯乙烯	甲苯	25	13.4	0.71	OS	7～150
聚苯乙烯	甲苯	30	9.2	0.72	LS	4～146
聚苯乙烯(阴离子聚合)	苯	30	11.5	0.73	LS	25～300
聚苯乙烯(等规立构)	甲苯	30	11.0	0.725	OS	3～37
聚苯乙烯(等规立构)	氯仿	30	25.9	0.734	OS	9～32
聚苯乙烯(无规立构)	苯	20	6.3	0.78	SD	1～300
聚苯乙烯(无规立构)	苯	25	9.52	0.744	OS	3～61
聚苯乙烯(无规立构)	丁酮	25	39	0.58	LS	1～180
聚苯乙烯(无规立构)	氯仿	25	7.16	0.76	LS	12～280
聚苯乙烯(无规立构)	环己烷	34	82	0.50	LV	1～70
聚苯乙烯(无规立构)	环己烷	35	80	0.50	LS	8～84
聚苯乙烯(无规立构)	甲苯	20	4.16	0.788	LS	4～137
聚苯乙烯(无规立构)	甲苯	25	7.5	0.75	LS	12～280
聚苯乙烯(无规立构)	甲苯	30	11.0	0.725	OS	8～85
聚乙烯醇	水	25	20	0.76	OS	0.6～2.1
聚乙烯醇	水	25	59.5	0.63	LV	1.2～19.5
聚乙烯醇	水	25	300	0.50	SD	0.9～17
聚乙烯醇	水	30	42.8	0.64	LS	1～80
聚乙烯醇	水	30	66.6	0.64	OS	3～12
硝化纤维素	丙酮	25	25.3	0.795	OS	6.8～22.4
硝化纤维素	环己酮	32	24.5	0.80	OS	6.8～22.4
聚甲基丙烯酸甲酯	苯	20	8.35	0.73	SD	7～700
聚甲基丙烯酸甲酯	苯	25	4.68	0.77	LS	7～630
聚甲基丙烯酸甲酯	苯	30	5.2	0.76	LS	6～250
聚甲基丙烯酸甲酯	丁酮	25	7.1	0.72	LS	41～340
聚甲基丙烯酸甲酯	丙酮	20	5.5	0.73	SD	4～800
聚甲基丙烯酸甲酯	丙酮	25	7.5	0.70	LSSD	2～740
聚甲基丙烯酸甲酯	丙酮	30	7.7	0.70	LS	6～263
聚甲基丙烯酸甲酯	氯仿	20	9.6	0.78	OS	1.4～60

续表

高聚物名称	溶剂名称	温度/℃	$K\times10^3$ /mL·g^{-1}	α	测量方法[①]	$\overline{M}_\eta$范围($M\times10^{-4}$)
聚乙酸乙烯酯	苯	30	56.3	0.62	OS	2.5～86
聚乙酸乙烯酯	丙酮	25	19.0	0.66	LS	4～139
聚乙酸乙烯酯	丙酮	25	21.4	0.68	OS	4～34
聚乙酸乙烯酯	丙酮	30	17.6	0.68	OS	2～163
聚己内酰胺(尼龙-6)	间甲苯酚	25	320	0.62	E	0.05～0.5
聚己内酰胺(尼龙-6)	85%甲酸	25	22.6	0.82	LS	0.7～12
尼龙-66	间甲苯酚	25	240	0.61	LSE	1.4～5
尼龙-66	90%甲酸	25	35.3	0.786	LSE	0.6～6.5
尼龙-610	间甲苯酚	25	13.5	0.96	SD	0.8～2.4
聚丙烯腈	二甲基甲酰胺	25	16.6	0.81	SD	4.8～27
聚丙烯腈	二甲基甲酰胺	25	24.3	0.75	LS	3～26
聚丙烯腈	二甲基甲酰胺	35	27.8	0.76	DV	3～58
聚碳酸酯	氯仿	25	12.0	0.82	LS	1～7
聚碳酸酯	二氯甲烷	25	11.1	0.82	SD	1～27

注：测量方法中符号注释：OS—渗透压法；LS—光散射法；LV—特性黏度法；SD—超速离心沉降和扩散法；DV—扩散和黏度法；E—端基滴定法。

参考文献

[1] 潘祖仁．高分子化学．第 5 版．北京：化学工业出版社，2014.
[2] 何曼君，张红东，陈维孝，董西侠．高分子物理．第 3 版．上海：复旦大学出版社，2012.
[3] 华幼卿，金日光．高分子物理．第 4 版．北京：化学工业出版社，2013.
[4] 复旦大学化学系高分子教研组编．高分子实验技术．上海：复旦大学出版社，1996.
[5] 北京大学化学系高分子教研室编著．高分子物理实验．北京：北京大学出版社，1983.
[6] J. F. Rabek 著．吴世康，漆宗能等译．高分子科学实验方法（物理原理与应用）．北京：科学出版社，1987.
[7] 吴人洁主编．现代分析技术——在高聚物中的应用．上海：上海科学技术出版社，1987.
[8] 金日光主编．高聚物流变学及其在加工中的应用．北京：化学工业出版社，1986.
[9] 中国科学技术大学高分子物理教研室编著．高聚物的结构与性能．北京：科学出版社，1981.
[10] 夏笃祎，张肇熙编译．高聚物结构分析．北京：化学工业出版社，1990.
[11] 牛秉彝，王元有，黄人骏编著．高聚物粘弹及断裂性能．北京：国防工业出版社，1991.
[12] I. M. Ward 著．徐懋，漆宗能等译校．固体高聚物的力学性能．北京：科学出版社，1988.
[13] 邬怀仁，于明，沈如涓等编著．理化分析测试指南（非金属材料部分）（高聚物材料性能测试技术分册）．北京：国防工业出版社，1988.
[14] 中国医药公司上海化学试剂采购供应站编．试剂手册．上海：上海科学技术出版社，1985.
[15] 张向宇等编．实用化学手册．北京：国防工业出版社，1986.
[16] 清华大学化工系高分子教研组编．高分子物理实验讲义．北京：清华大学，1988.
[17] 北京化工学院编．高分子物理实验．北京：北京化工学院，1992.
[18] 南开大学化学系高分子教研室编．高分子物理实验．天津：南开大学，1986.
[19] 北京理工大学化工与材料学院高分子材料教研室编．高分子物理实验．北京：北京理工大学，1991.
[20] 张丽华，杜拴丽．高分子实验．北京：兵器工业出版社，2004.
[21] GB1040—92. 塑料拉伸性能实验方法．
[22] 孙玉秩编．塑料工程专业实验．太原：太原机械学院，1990.
[23] 王贵恒．高分子材料成型加工原理．北京：化学工业出版社，1982.
[24] 高家武．高分子材料近代测试技术．北京：北京航空航天大学出版社，1994.
[25] 张兴英，李齐方．高分子科学实验．北京：化学工业出版社，2007.
[26] 何卫东，金邦坤，郭丽萍．高分子化学实验．合肥：中国科学技术大学出版社．2012.
[27] 闫红强，程捷，金玉顺．高分子物理实验．北京：化学工业出版社，2012.
[28] 周智敏，米远祝．高分子化学与物理实验．北京：化学工业出版社，2011.
[29] 殷勤俭，周歌，江波．现代高分子科学实验．北京：化学工业出版社，2012.
[30] 汪建新．高分子科学实验教程．哈尔滨：哈尔滨工业大学出版社，2009.
[31] 郭玲香，宁春花．高分子化学与物理实验．南京：南京大学出版社，2014.
[32] 吴人洁．现代分析技术在高聚物中的应用．上海：上海科学技术出版社，1987.
[33] 董炎明．高分子研究方法．北京：中国石化出版社有限公司，2011.